"十二五"全国高校平面设计专业精品教材

中文版
Photoshop
CS6 界面设计
Interface Design

张丕军　杨顺花　编著

124个工程文件 + 30个视频文件 + 4大综合应用 + 54个范例练习

- 理论与实践相结合，内容全面、语言流畅、结构清晰、实例精彩
- 涉及的范例都是实际工作中的项目，简练实用，能够帮助读者快速上手，学以致用
- 配套光盘中提供了全书所有案例的设计源文件、作品输出文件、相关素材文件，以及部分案例的多媒体教学视频

海洋出版社

2014年·北京

内 容 简 介

界面设计包括硬件界面设计和软件界面设计，是计算机科学与心理学、设计艺术学、认知科学和人机工程学的交叉研究领域。近年来，随着信息技术与计算机技术的迅速发展，网络技术的突飞猛进，人机界面设计和开发已成为国际计算机界和设计界最为活跃的研究方向。

本书从教学与自学的实际出发，将内容分为 4 个部分。第 1 部分为手机界面设计，包括手机的造型、手机功能界面、手机开锁界面、手机常用按钮界面、手机播放音乐界面、手机办公系统登录界面、手机天气界面、手机设置界面、手机网络查询界面等；第 2 部分为游戏界面设计，包括游戏的登录界面设计、游戏进度栏界面、游戏按钮设计等；第 3 部分为软件界面设计，包括登录界面设计、播放按钮、按钮设计、进度栏设计、菜单栏、面板设计和文件窗口等；第 4 部分为网店界面设计，包括标志设计、导航栏设计、客服中心界面设计、购物账号栏设计、广告图片设计、搜索栏设计、产品展示栏、新产品展示窗口、首页界面设计、购买商品界面设计、购物车流程界面设计、宝贝详情页设计、购物车界面设计等。

本书突出理论与实践相结合，内容全面、语言流程、结构清晰、实例精彩，书中涉及的范例都是作者实际工作中的项目，简练实用，能够帮助读者快速上手，学以致用。

在本书配套光盘中，提供了全书所有案例的设计源文件、作品输出文件、相关素材文件，以及部分案例的多媒体教学视频，方便读者学习参考和引用练习。

适用范围： 电脑初学者、高等院校电脑美术专业师生和社会平面设计培训班，平面设计、影视广告设计、电脑美术设计、电脑绘画、网页制作、室内外设计与装修等广大从业人员。

图书在版编目（CIP）数据

中文版 Photoshop CS6 界面设计/张丕军，杨顺花编著. —北京：海洋出版社，2014.8
ISBN 978-7-5027-8904-6

Ⅰ.①中⋯　Ⅱ.①张⋯②杨⋯　Ⅲ.①图象处理软件　Ⅳ.①TP391.41

中国版本图书馆 CIP 数据核字（2014）第 132131 号

总 策 划：刘 斌	**发 行 部：**（010）62174379（传真）（010）62132549		
责任编辑：刘 斌	（010）68038093（邮购）（010）62100077		
责任校对：肖新民	**网　　址：**www.oceanpress.com.cn		
责任印制：赵麟苏	**承　　印：**北京画中画印刷有限公司		
排　　版：海洋计算机图书输出中心　晓阳	**版　　次：**2014 年 8 月第 1 版		
	2014 年 8 月第 1 次印刷		
出版发行：海洋出版社	**开　　本：**787mm×1092mm　1/16		
地　　址：北京市海淀区大慧寺路 8 号（716 房间）	**印　　张：**19.25　全彩印刷		
邮　　编：100081	**字　　数：**468 千字		
经　　销：新华书店	**印　　数：**1～3000 册		
技术支持：（010）62100055 hyjccb@sina.com	**定　　价：**78.00 元（含 1CD）		

本书如有印、装质量问题可与发行部调换

界面设计是人与机器之间传递和交换信息的媒介，包括硬件界面和软件界面，是计算机科学与心理学、设计艺术学、认知科学和人机工程学的交叉研究领域。近年来，随着信息技术与计算机技术的迅速发展，网络技术的突飞猛进，人机界面设计和开发已成为国际计算机界和设计界最为活跃的研究方向。

UI 即 User Interface(用户界面) 的简称。UI 设计则是指对软件的人机交互、操作逻辑、界面美观的整体设计。好的 UI 设计不仅是让软件变得有个性有品味，还要让软件的操作变得舒适、简单、自由 , 充分体现软件的定位和特点。

界面是人与物体互动的媒介，换句话说，界面就是设计师赋予物体的新面孔。界面设计可分为以下 3 类：

（1）以功能实现为基础的界面设计。交互设计界面最基本的性能是具有功能性与使用性，通过界面设计，让用户明白功能操作，并将作品本身的信息更加顺畅地传递给使用者，即用户，是功能界面存在的基础与价值，但由于用户的知识水平和文化背景具有差异性，因此界面应更国际化、客观化地体现作品本身的信息。

（2）以情感表达为重点的界面设计。通过界面给用户一种情感传递，是设计的真正艺术魅力所在。用户在接触作品时的感受，使人产生感情共鸣，利用情感表达，切实地反映出作品与用户之间的情感关系。当然，情感的信息传递存在着确定性与不确定性的统一。因此，我们更加强调的是用户在接触作品时的情感体验。

（3）以环境因素为前提的界面设计。任何一部互动设计作品都无法脱离环境而存在，周边环境对设计作品的信息传递有着特殊的影响。包括作品自身的历史、文化、科技等诸多方面的特点，因此营造界面的环境氛围是不可忽视的一项设计工作，这和我们看电影时需要关灯是一个道理。

本书主要讲解使用 Photoshop 软件完成手机界面设计、游戏界面设计、软件界面设计、网店界面设计等的方法和技巧。

全书共分为以下 4 部分。

第 1 部分：主要介绍如何使用 Photoshop 进行手机界面设计。包括手机的造型设计、手机功能界面设计、手机开锁界面设计、手机常用按钮界面设计、手机播放音乐界面设计、手机办公系统登录界面设计、手机天气界面设计、手机设置界面设计、手机网络查询界面设计等。

第 2 部分：主要介绍如何使用 Photoshop 进行游戏界面设计。包括游戏的登录界面设计、游戏进度栏界面设计、游戏按钮设计等。

第 3 部分：主要介绍如何使用 Photoshop 进行软件界面设计。包括登录界面设计、播放按钮设计、按钮设计、进度栏设计、菜单栏设计、面板设计、文件窗口设计等。

第 4 部分：主要介绍如何使用 Photoshop 进行网店界面设计。包括标志设计、导航栏设计、客服中心界面设计、购物账户栏设计、广告图片设计、搜索栏设计、产品展示栏设计、新产品展示窗口设计、首页界面设计、购买商品界面设计、购物车流程界面设计、宝贝详情页设计、购物车界面设计等。

本书突出理论与实践相结合，内容全面、语言流畅、结构清晰、实例精彩，利用丰富而精彩的实例讲解如何应用 Photoshop 进行界面设计。其中大部分内容在培训班上使用过，能学以致用。

本书由张丕军、杨顺花编著，在编写过程中还得到了杨喜程、唐帮亮、张大容、莫振安、王靖城、杨昌武、龙幸梅、张声纪、唐小红、杨顺乙、饶芳、韦桂生、王通发、武友连、王翠英、王芳仁、王宝凤、舒纲鸿、龙秀明等亲朋好友的大力支持，在此表示衷心的感谢！

Contents | 目录

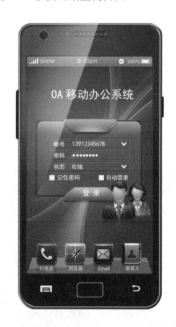

第2部分　游戏界面设计

第3部分　软件界面设计

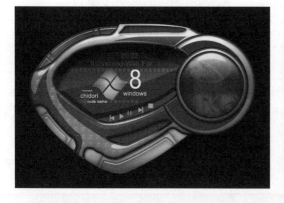

第4部分　网店界面设计

1

第 1 部分

手机界面设计

　　手机界面的设计必须基于手机设备的物理特性和系统应用特性进行合理的设计。手机界面设计是个复杂的多学科杂糅的过程，其关键涉及产品本身 UI 设计和用户体验设计的基本原则和方法，只有将这两者合理融合才能打造出优秀的作品。

　　人机界面交互方式向三维、多通道方向发展，其设计原则是满足用户在人机界面交互方面的需求，注重人的因素，以达到让用户享受人机交流的目的。手机交互设计将不同的交互体验进行综合，给智能手机的发展带来转变。

实例 1　手机的造型

实例效果图

步骤 01 开启 photoshop 软件，按【Ctrl + N】键弹出【新建】对话框，将【宽度】设置为 500 像素，【高度】设置为 950 像素，【分辨率】设置为 150 像素 / 英寸，【颜色模式】设置为 RGB 颜色，【背景内容】为白色，如图 1-1 所示，设置好后单击【确定】按钮，新建一个空白的文档。

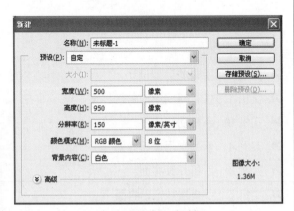

图1-1 【新建】对话框

步骤 02 显示【路径】面板，并在其中单击【创建新路径】按钮，新建"路径 1"，如图 1-2 所示，接着在工具箱中选择【圆角矩形工具】，并在选项栏中选择　路径，再将

【半径】 设置为 40 像素，然后在画面中绘制一个圆角矩形路径，如图 1-3 所示。

图1-2 【路径】面板　　图1-3　绘制圆角矩形路径

步骤 03 在【路径】面板中单击【将路径作为选区载入选区】按钮，使"路径 1"载入选区，如图 1-4 所示，以得到如图 1-5 所示的圆角矩形选框。

图1-4 【路径】面板　图1-5　载入的圆角矩形选框

步骤 04 在【图层】面板中单击【创建新图层】按钮，新建"图层 1"，如图 1-6 所示；接着在工具箱中将前景色设置为 #171717，背景色设置为 #616161，之后在工具箱中选择渐变工具，并在选项栏中选择【径向渐变】按钮，在渐变拾色器中选择前景色到背景色渐变，如图 1-7 所示；然后在画面中拖动鼠标，以给选框进行渐变填充，效果如图 1-8 所示。

图1-6 创建新图层　　　图1-7 渐变拾色器

图1-8 填充渐变颜色

步骤 05 在【图层】面板中新建"图层2"，如图1-9所示，接着在【编辑】菜单中执行【描边】命令，弹出【描边】对话框，并在其中将【宽度】设置为8像素，【颜色】设置为黑色，如图1-10所示，设置好后单击【确定】按钮，使选框描边，效果如图1-11所示，按【Ctrl＋D】键取消选择。

图1-9 创建新图层

图1-10 【描边】对话框

图1-11 描边后的效果

步骤 06 在【图层】菜单中执行【图层样式】→【斜面和浮雕】命令，弹出【图层样式】对话框，设置所需的参数，如图1-12所示，效果如图1-13所示。

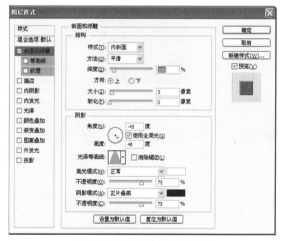

图1-12 【图层样式】对话框

图1-13 添加斜面和浮雕后效果

步骤 07 在【图层样式】对话框的左边栏中单击【颜色叠加】选项，再在右边栏中将【颜色】设

3

置为#585858，其他不变，如图1-14所示，设置好后单击【确定】按钮，效果如图1-15所示。

图1-14　【图层样式】对话框

图1-15　颜色叠加后的效果

步骤08 先在【路径】面板中单击【创建新路径】按钮，新建一个路径，如图1-16所示，接着在工具箱中选择【圆角矩形工具】，并在选项栏中将【半径】设置为15像素，然后在画面中绘制一个圆角矩形路径，如图1-17所示。

图1-16　创建新路径　　图1-17　绘制圆角矩形路径

步骤09 在【路径】面板中单击【将路径作为选区载入】按钮 ，"使路径2"载入选区，如图1-18所示，以得到如图1-19所示的圆角矩

形选框。

图1-18【路径】面板　　图1-19　将路径载入选区

步骤10 在【图层】面板中新建一个图层，如图1-20所示，接着在【编辑】菜单中执行【描边】命令，弹出【描边】对话框，并在其中将【宽度】设置为3像素，【颜色】设置为#3d403e，如图1-21所示，设置好后单击【确定】按钮，效果如图1-22所示。

图1-20　【图层】面板

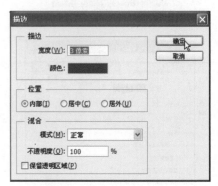

图1-21　【描边】对话框

图1-22　描边后的效果

步骤 11 在【选择】菜单中执行【修改】→【收缩】命令，弹出【收缩选区】对话框，并在其中将【收缩量】设置为 3 像素，如图 1-23 所示，单击【确定】按钮，以得到如图 1-24 所示的选区。

图1-23　【收缩选区】对话框　　图1-24　缩小后的选区

步骤 12 将前景色设置设置为#0294cb，背景色设置为白色，再选择【渐变工具】，并在选项栏中选择【线性渐变】按钮，接着在渐变拾色器中选择前景色到背景色渐变，如图 1-25 所示，然后在画面中拖动，将选区渐变填充，效果如图 1-26 所示。

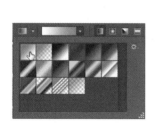

图1-25　选择渐变颜色　　图1-26　填充渐变颜色

步骤 13 在【图层】面板中先激活背景层，单击【创建新图层】按钮，新建一个图层，如图 1-27 所示；选择【路径】面板，并在其中单击【创建新路径】按钮，新建一个路径，如图 1-28 所示，然后选择【钢笔工具】，并在选项栏中选择路径，再在画面中绘制一个路径，如图 1-29 所示。

图1-27　创建新图层　　　图1-28　创建新路径

图1-29　绘制路径

步骤 14 将前景色设置为黑色，在工具箱中选择【路径选择工具】，在画面中框选要填充颜色的路径，如图 1-30 所示，再在【路径】面板中单击【用前景色填充路径】按钮，如图 1-31 所示，给路径进行颜色填充，再按【Shift】键单击该路径，隐藏路径显示，效果如图 1-32 所示。

图1-30　选择路径　　　图1-31　用前景色填充路径

5

图1-32　填充颜色后的效果

图1-36　将路径作为选区载入　图1-37　载入的选区

步骤 15　在【图层】面板中先激活"图层3"，再单击【创建新图层】按钮，新建一个图层，如图 1-33 所示；接着在【路径】面板中单击【创建新路径】按钮，新建一个路径，如图 1-34 所示，然后用【圆角矩形工具】在画面中绘制一个圆角矩形，如图 1-35 所示。

步骤 17　在【编辑】菜单中执行【描边】命令，弹出【描边】对话框，并在其中将【宽度】设置为 5 像素，【颜色】设置为白色，【位置】设置为居中，如图 1-38 所示，设置好后单击【确定】按钮，再按【Ctrl + D】键取消选择，效果如图 1-39 所示。

图1-33　创建新图层　　图1-34　创建新路径

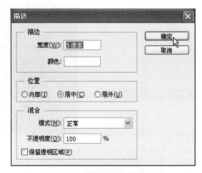

图1-38　【描边】对话框

图1-35　绘制圆角矩形路径

图1-39　描边后效果

步骤 16　在【路径】面板中单击【将路径作为选区载入】按钮，如图 1-36 所示，将路径载入选区，以得到如图 1-37 所示的选区。

步骤 18　在【图层】面板中右击"图层2"，弹出快捷菜单，并在弹出的菜单中选择【拷贝图层样式】命令，如图 1-40 所示；在"图层5"上右击，在弹出的快捷菜单中选择【粘贴图层样式】命令，如图 1-41 所示，效果如图 1-42 所示。

图1-40　选择【拷贝图层
样式】命令

图1-41　选择【粘贴图层
样式】命令

图1-42　复制样式后的效果

步骤 19 先在【图层】面板中新建一个图层，如图 1-43 所示；接着在工具箱中选择【矩形工具】，并在选项栏中选择"像素"，然后在画面中绘制出如图 1-44 所示的白色小按钮图标。

图1-43　创建新图层　　图1-44　绘制图标

步骤 20 在【图层】面板中新建一个图层，再选择【自定形状工具】，并在选项栏中选择"像素"，再在【形状】面板中选择所需的形状，如图 1-45 所示，然后在画面中绘制出所选的形状，如图 1-46 所示。

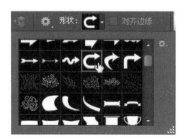

图1-45　选择形状

图1-46　绘制形状

步骤 21 在【编辑】菜单中执行【变换】→【水平翻转】命令，将刚绘制的形状进行水平翻转，效果如图 1-47 所示。

图1-47　水平翻转后的效果

步骤 22 在【图层】面板中新建一个图层，再选择【圆角矩形工具】，并在选项栏中将【半径】设置为 10 像素，然后在画面的顶部绘制一个圆角矩形，如图 1-48 所示。

图1-48　绘制圆角矩形

步骤 23 在【图层】菜单中执行【图层样式】→【渐变叠加】命令，弹出【图层样式】对话框，并在其中编辑所需的渐变颜色，如图 1-49 所示，其他不变，效果如图 1-50 所示。

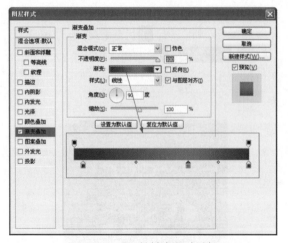

图1-49 【图层样式】对话框

图1-50 渐变叠加后的效果

 说明

图 1-49 中左边色标的颜色为 #3b3939，中间色标的颜色为 #757575，右边色标的颜色为 #3b3939。

步骤 24 在【图层样式】对话框的左边栏中单击【描边】选项，再在右边栏中将【大小】设置为 1 像素，将【颜色】设置为 #242424，其他不变，如图 1-51 所示，设置好后单击【确定】按钮，效果如图 1-52 所示。

图1-51 【图层样式】对话框

图1-52 描边后的效果

步骤 25 在【图层】面板中新建一个图层，再选择【椭圆工具】，并在选项栏中选择"像素"，然后按【Shift】键在画面中圆角矩形按钮上绘制一个白色的圆形，如图 1-53 所示。

图1-53 绘制圆形

步骤 26 在【图层】菜单中执行【图层样式】→【渐变叠加】命令，弹出【图层样式】对话框，设置所需的参数，如图 1-54 所示，设置好后单击【确定】按钮，效果如图 1-55 所示。

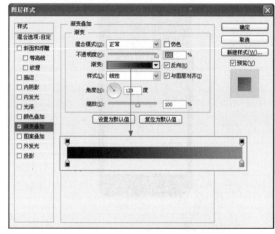

图1-54 【图层样式】对话框

图1-55 渐变叠加后的效果

说明

图 1-54 中左边色标的颜色为黑色，右边色标的颜色为 #979797。

步骤 27 按住【Alt+Ctrl+Shift】键将小圆拖动到所需的位置，以复制一个副本，如图 1-56 所示；再用同样的方法复制多个副本，效果如图 1-57 所示。

图1-56　复制对象

图1-57　复制后效果

步骤 28　在【图层】面板中选择"图层9"及它的所有副本，如图1-58所示，按【Ctrl+G】键将所有选择的图层组成一组，如图1-59所示。

图1-58　选择图层　　　图1-59　将图层编成一组

步骤 29　按【Ctrl+O】键从配套光盘的素材库中打开素材文件，如图1-60所示，再用【移动工具】分别将其拖动到画面中，并摆放到所需的位置，如图1-61所示。

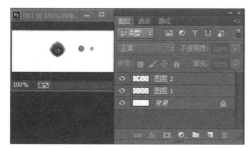

图1-60　打开的文件

图1-61　复制并摆放对象

步骤 30　按住【Shift】键单击背景上层的一个图层，以选择除背景层外的所有图层与图层组，再按【Ctrl+G】键将它们组成一组，如图1-62所示，效果如图1-63所示。

图1-62　选择图层　　　图1-63　将图层编成
　　　　　　　　　　　　　　　　　　　　一组

步骤 31　在【图层】面板中单击【创建新图层】按钮，新建一个图层，如图1-64所示；再用【多边形套索工具】在画面中绘制出一个三角形选区，如图1-65所示。

图1-64　创建新图层　　　图1-65　绘制三角形选区

9

步骤 32 在工具箱中选择【渐变工具】 ，并在选项栏中选择【线性渐变】按钮，再在渐变拾色器中选择前景色（白色）到透明渐变，如图1-66 所示，在画面中进行拖动，使选区渐变填充，效果如图 1-67 所示。

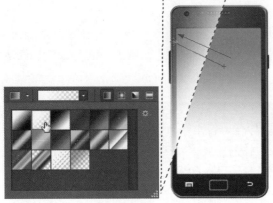

图1-66　选择渐变颜色　图1-67　填充渐变颜色

步骤 33 在【图层】面板中将【不透明度】设置为 55%，如图 1-68 所示，使不透明度降低，效果如图 1-69 所示。

图1-68　【图层】面板　图1-69　降低不透明度后的效果

步骤 34 在【图层】面板中单击【添加图层蒙版】按钮，给图层 12 添加蒙版，如图 1-70 所示；在工具箱中将前景色设置为黑色，选择画笔工具，在画面中需要隐藏的地方进行绘制，以隐藏不需要的部分，效果如图 1-71 所示。

图1-70　添加图层蒙版　图1-71　用画笔工具修改蒙版

实例2　信号时间电池显示界面

实例效果图

组成后的手机界面

 操作步骤

STEP 01 在工具箱中先将背景色设置为 #1b3f6d，再按【Ctrl + N】键弹出【新建】对话框，并在其中设置【宽度】设置为 450 像素，【高度】设置为 200 像素，【分辨率】设置为 150 像素 / 英寸，【颜色模式】设置为 RGB 颜色，【背景内容】设置为背景色，如图 1-72 所示设置好后单击【确定】按钮，即可新建一个空白的文档。

STEP 02 显示【图层】面板，并在其中单击【创建新图层】按钮，新建一个图层，如图 1-73 所示；接着在工具箱中将前景色设置为 #8a8b8a，选择【矩形工具】，并在选项栏中选择"像素"，在画面中单击弹出【创建矩形】对话框，并在其中将【宽度】设置为 350 像素，【高度】设置为 28 像素，如图 1-74 所示，设置好后单击【确定】按钮，即可得到一个指定大小的矩形，如图 1-75 所示。

图1-72　创建新图层　　　图1-73　【创建矩形】对话框

图1-74　绘制好的矩形

STEP 03 在【图层】菜单中执行【图层样式】→【渐变叠加】命令，弹出【图层样式】对话框，设置所需的参数，如图 1-76 所示，效果如图 1-77 所示。

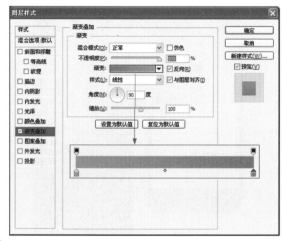

图1-75　【图层样式】对话框

图1-76　渐变叠加后的效果

> ★ **说明**
> 图 1-75 中左边色标的颜色为 #9a9a9a，右边色标的颜色为 #7b7d7b。

STEP 04 在【图层样式】对话框的左边栏中选择【投影】选项，在右边栏中设置所需的参数，如图 1-77 所示，设置好后单击【确定】按钮，效果如图 1-78 所示。

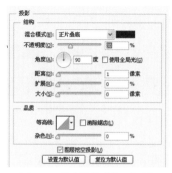

图1-77　【图层样式】对话框

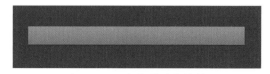

图1-78　添加投影后的效果

STEP 05 将前景色设置为白色，在【图层】面板中创建一个图层，如图 1-79 所示；在工具箱中选择【矩形工具】，并在选项栏中选择像素，然后在画面中拖出一个所需大小的小矩形，效果如图 1-80 所示。

图1-79　创建新图层　　　图1-80　绘制矩形

STEP 06 在刚绘制的小矩形左边再绘制几个小矩形，作为手机信号图标，绘制好后的效果如图 1-81 所示；用【矩形工具】在右边绘制一个电池图标，效果如图 1-82 所示。

图1-81　绘制矩形

图1-82　绘制电池图标

STEP 07 在工具箱中选择【椭圆工具】，并在选项栏中选择"像素"，然后在画面中绘制一个白色的圆形，效果如图 1-83 所示。

图1-83　绘制圆形

STEP 08 将前景色设置为 #8b8c8b，再选择【矩形工具】，然后在小白色圆形内绘制一个折角图形，如图 1-84 所示。

图1-84　绘制图形

STEP 09 在工具箱中选择【横排文字工具】，在选项栏中将参数设置为 ，然后在画面中单击并输入所需的文字，如图 1-85 所示。

图1-85　输入文字

STEP 10 用【横排文字工具】，在中间适当的位置单击并输入所需的文字，效果如图 1-86 所示；用同样的方法在右边输入文字，输入好文字后的效果如图 1-87 所示。

图1-86　输入文字

图1-87　输入文字

STEP 11 按住【Shift】键在【图层】面板中单击"图层 1"，以同时选择除背景层外的所有图层，如图 1-88 所示，按【Ctrl + G】键将选择的图层编成一组，如图 1-89 所示。

图1-88　选择图层 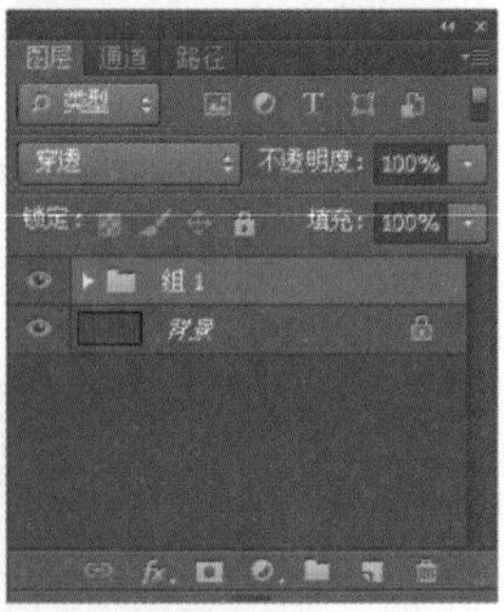　　　　图1-89　编组

STEP 12 按【Ctrl + O】键打开在"实例"中制作好的手机模型，然后将手机信号所在的"组 1"向手机模型文件中拖动，如图 1-90 所示，以将制作好的信号栏复制到手机模型中，如图 1-91 所示。

图1-90　拖动图层组

径】面板中激活"路径 2",并单击【将路径作为选区载入】按钮,如图 1-97 所示,将"路径 2"载入选区,如图 1-98 所示。

图1-91　复制后的结果

 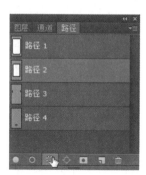

图1-96　创建新图层　　　图1-97　将路径作为选区
载入

STEP 13　在【图层】面板中双击"组 1"文字,以进入编辑状态,然后输入"组 3",如图 1-92 所示,输入好文字后按【Enter】键确认,将"组 1"改为"组 3",如图 1-93 所示;将"组 3"拖动到"组 2"的上层,如图 1-94 所示,用【移动工具】将"组 3"中的内容拖动到手机的顶部适当位置,如图 1-95 所示。

图1-98　载入的选区

图1-92　编辑组名　　　图1-93　【图层】面板

STEP 15　在【编辑】菜单中执行【描边】命令,弹出【描边】对话框,将【宽度】设置为 3 像素,颜色设置为 #3d403e,【位置】设置为内部,如图 1-99 所示,单击【确定】按钮,效果如图 1-100 所示。

图1-94　改变顺序　　　图1-95　排放好后的效果

STEP 14　在【图层】面板中新建一个图层,如图 1-96 所示;将前景色设置为 #3d403e,在【路

图1-99　【描边】对话框　　　图1-100　描边后的效果

实例3 手机功能界面

实例效果图　　　　组合后的手机功能界面

 操作步骤

STEP 01 在工具箱中先将背景色设置为黑色，按【Ctrl + N】键弹出【新建】对话框，将设置【宽度】设置为450像素，【高度】设置为700像素，【分辨率】设置为150像素/英寸，【颜色模式】设置为RGB颜色，【背景内容】设置为背景色，设置好后单击【确定】按钮，新建一个文档。

STEP 02 在【图层】面板中单击【创建新图层】按钮，新建"图层1"，如图1-101所示；接着在工具箱中将前景色设置为#0478bb，再选择【矩形工具】，并在选项栏中选择"像素"，在画面中单击弹出【创建矩形】对话框，将【宽度】设置为350像素，【高度】设置为570像素，如图1-102所示，设置好后单击【确定】按钮，即可得到一个指定大小的矩形，如图1-103所示。

图1-101　创建新图层　　图1-102　【创建矩形】对话框

图1-103　绘制好的矩形

STEP 03 按【Ctrl + O】键打开前面已经制作好的信号栏，从【图层】面板中将信号栏所在的"组1"拖动到画面中，如图1-104所示，并放置到画面的顶部，如图1-105所示。

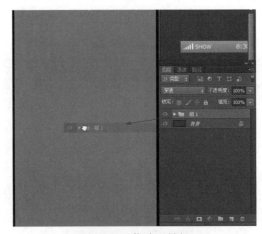

图1-104　拖动图层组

图1-105　复制并排放好后的效果

STEP 04 按【Ctrl + O】键从配套光盘的素材库中打开图标素材，如图 1-106 所示。

图1-106　打开的文档

STEP 05 在工具箱中选择【移动工具】，并在选项栏中勾选【自动选择】选项，在下拉列表中选择"图层"，然后直接将所需的图标拖动到画面中，如图 1-107 所示，并放置到所需的位置，效果如图 1-108 所示。

图1-107　拖动图标　　　图1-108　放置后的效果

STEP 06 用同样的方法将其他图标也拖动到画面中，如图 1-109 所示。

图1-109　拖动图标

STEP 07 按住【Shift】键在【图层】面板中单击"图层 3"，以同时选择刚复制的 4 个图层，如图 1-110 所示，在选项栏中选择【顶对齐】按钮，将选择的图层顶部对齐，效果如图 1-111 所示。

图1-110　选择图层　　　图1-111　对齐后的效果

STEP 08 在选项栏中单击【水平居中分布】按钮，将选择的 4 个图标进行水平居中分布，效果如图 1-112 所示。

图1-112　分布后的效果

STEP 09 按【Ctrl + G】键将所选的图层编成一组，如图 1-113 所示。

STEP 10 用同样的方法将其他图标也拖动到画面中来，如图 1-114 所示。

图1-113　编组　　　图1-114　拖动图标

STEP 11 按住【Shift】键在【图层】面板中单击"图层 7"，以选择刚复制的 4 个图层，如图 1-115 所示，在选项栏中单击与按钮，将它们进行对齐与均匀分布，效果如图 1-116 所示。

图1-115　选择图层

图1-116　对齐与分布后的效果

STEP 12 按【Ctrl + G】键将所选的图层编成一组，如图1-117所示。

图1-117　编组

STEP 13 用同样的方法将其他图标拖动到画面中，如图1-118所示，并进行对齐与分布，再分别编组，效果如图1-119所示。

图1-118　拖动图标

图1-119　【图层】面板

STEP 14 在【移动工具】选项栏的【自动选择】列表中选择组，用移动工具对画面中的图标进行移动，使它们对齐，效果如图1-120所示。

STEP 15 在【图层】面板中单击【创建新组】按钮，新建一个图层组，如图1-121所示。

图1-120　对齐后的效果

图1-121　创建新组

STEP 16 在工具箱中选择【横排文字工具】，并在选项栏中将参数设置为，然后在画面中输入所需的文字，如图1-122所示，在选项栏中单击☑按钮，确认文字输入。

图1-122　输入文字

STEP 17 用【横排文字工具】在其他图标下方单击并输入所需的文字，如图1-123所示。

图1-123　输入文字

STEP 18 在工具箱中选择【移动工具】，并在选项栏的【自动选择】列表中选择图层，按住【Shift】键在【图层】面板中单击"时钟"文字图层，以同时选择这4个文字图层，如图1-124

所示；在选项栏中单击【顶对齐】按钮，将文字进行顶部对齐，效果如图 1-125 所示。

图1-124　选择图层　　图1-125　对齐后的效果

STEP 19 按住【Shift】键将文字进行单独移动，效果如图 1-126 所示。

图1-126　移动文字

STEP 20 用与"步骤 17"及"步骤 18"相同的过程再输入其他文字并进行对齐，效果如图 1-127 所示。

图1-127　输入文字并对齐

STEP 21 在【图层】面板激活"组 6"，按住【Shift】键单击"组 2"，再按住【Ctrl】键单击"图层 1"，以同时选择这些图层与组，如图 1-128 所示，然后按【Ctrl + G】键将选择的图层与组编成一组，如图 1-129 所示。

图1-128　选择图层组与图层　　图1-129　编组

STEP 22 在【图层】面板中将"组 7"拖动到"组 1"的下层，如图 1-130 所示。

STEP 23 按【Ctrl + O】键打开"实例 2"中制作好的手机模型文件，然后将刚制作好的设置界面拖动到手机模型中，如图 1-131 所示。

图1-130　改变顺序　　图1-131　复制对象到手机模型中

STEP 24 在【图层】面板中将"组 7"拖动到"组 3"的下层，然后在画面中将"组 7"中的内容拖动到适当位置，摆放好后的效果如图 1-132 所示。

图1-132　摆放好后的效果

实例4　手机常用按钮界面

实例效果图

按【Ctrl + O】键从配套光盘的素材库中打开背景素材图片与"实例2"中制作好的手机模型文件，如图1-133、图1-134所示。

图1-133　打开的图片

图1-134　打开的文件

STEP **02**　在【图层】面板中展开"组2"，激活手机屏幕所在的图层，然后用移动工具将打开的背景图片拖动并复制到手机模型文件中，摆放到所需的位置，如图1-135所示；在【图层】面板中将其不透明度降低，如图1-136所示。

图1-135　将图片摆放到适当位置

图1-136　将不透明度降低后的效果

STEP **03**　在【图层】面板中单击【创建新组】按钮，新建一个组，如图1-137所示；再单击【创建新图层】按钮，新建一个图层，如图1-138所示。

图1-137 【图层】面板　图1-138 【图层】面板

STEP 04 在工具箱中将前景色设置为#918f90，再选择【多边形套索工具】，在画面中勾画出一个梯形选框，然后按【Alt + Del】键填充前景色，效果如图1-139所示。

图1-139 绘制一个梯形

STEP 05 显示【路径】面板，在其中单击【创建新路径】按钮，新建一个路径，如图1-140所示；在画面中勾画出一个路径，如图1-141所示。

图1-140 【路径】面板　图1-141 勾画出一个路径

STEP 06 在【路径】面板中单击【将路径作为选区载入】按钮，将路径载入选区，如图1-142所示。

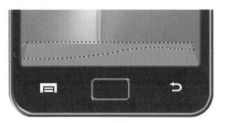

图1-142 将路径载入选区

STEP 07 在【图层】面板中单击【创建新图层】按钮，新建一个图层，如图1-143所示，将前景色设置为白色，按【Alt + Del】键填充白色，然后按【Ctrl + D】键取消选择，效果如图1-144所示。

图1-143 【图层】面板　图1-144 填充白色后的效果

STEP 08 按住【Ctrl】键在【图层】面板中单击图层14的图层缩览图，载入选区，如图1-145所示；在【图层】面板中单击【添加图层蒙版】按钮，由选区建立蒙版，如图1-146所示。

图1-145 使图层14的内容载入选区

图1-146 【添加图层蒙版】后的效果

STEP 09 在【图层】面板中将【不透明度】设置为40%，如图1-147所示。

图1-147 降低不透明度后的效果

STEP 10 在【图层】面板中激活"组4"，如图1-148所示，再按【Ctrl + E】键将组合并为图层，如图1-149所示；然后将其不透明度降低，如图1-150所示。

图1-148 【图层】面板　　图1-149 【图层】面板

图1-150 降低不透明度后的效果

STEP 11 从配套光盘的素材库中打开如图1-151所示的图标，用【移动工具】将表示拨号的图标拖动到画面中，并摆放到适当位置，如图1-152所示；用同样的方法将其他图标拖动到画面中，如图1-153所示。

图1-151 打开图标　　　图1-152 移动图标

图1-153 移动图标

STEP 12 按住【Ctrl】键在【图层】面板中选择刚复制的图层，如图1-154所示，在选项栏中单击【底对齐】按钮与【水平居中分布】按钮，将图标底部对齐且均匀分布，如图1-155所示。

图1-154 　【图层】面板　　图1-155 对齐与均匀分布图标

STEP 13 按【Ctrl + E】键将选择的图层合并为一

个图层，如图 1-156 所示；拖动该图层到【创建新图层】按钮上，以复制一个图层，如图 1-157 所示。

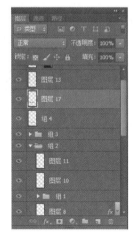 

图1-156 【图层】面板　　图1-157 【图层】面板

STEP 14 在【编辑】菜单中执行【变换】→【垂直翻转】命令，将副本进行垂直翻转，将其向下拖动到适当位置，如图 1-158 所示。

图1-158 【垂直翻转】后的效果

STEP 15 在工具箱中选择【渐变工具】 ，并在选项栏的渐变拾色器中选择黑白渐变，如图 1-159 所示，在【图层】面板中单击【添加图层蒙版】按钮，添加图层蒙版，如图 1-160 所示，然后在画面中拖动，对蒙版进行修改，效果如图 1-161 所示。

图1-159 渐变拾色器

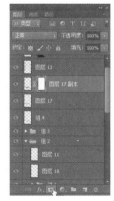 

图1-160 【图层】面板　　图1-161 对蒙版进行修改后的效果

STEP 16 用【横排文字工具】在画面中分别输入如图 1-162 所示的文字。

图1-162 输入文字

STEP 17 按住【Ctrl】键在【图层】面板中单击要选择的图层，如图 1-163 所示，再按【Ctrl + G】键将它们编成一组，如图 1-164 所示。

图1-163 【图层】面板　　图1-164 【图层】面板

STEP 18 在【图层】面板中按【Ctrl】键单击"图层 3"的图层缩览图，如图 1-165 所示，使它载入选区，如图 1-166 所示；将前景色设置为

21

#0478bb，按【Alt + Delete】键填充前景色，如图 1-167 所示。

图1-165 【图层】面板　　图1-166　将图层3的内容载入选区

图1-169　移动并复制对象

STEP 20 在【图层】面板中展开刚复制的"组7"，在其中将"图层1"隐藏，从而显示背景，如图 1-170 所示。

图1-167　填充颜色后的效果

STEP 19 将"组2"折叠，并激活它，如图1-168 所示，再打开"实例3"中制作好的手机功能界面，将其中的内容复制到画面中，并摆放到所需的位置，如图1-169 所示。

图1-168 【图层】面板

图1-170　关闭"图层1"后的效果

实例5　手机开锁界面

实例效果图　　　　　　组合后的开锁界面

STEP 01 按【Ctrl + N】键弹出【新建】对话框，并在其中将【宽度】设置为 347 像素，【高度】设置为 577 像素，【分辨率】设置为 150 像素 / 英寸，【颜色模式】设置为 RGB 颜色，【背景内容】设置为白色。

STEP 02 在工具箱中选择【渐变工具】　，并在选项栏中选择【径向】按钮　，在渐变编辑器中设置所需的渐变，如图 1-171 所示，设置好后单击【确定】按钮，然后在画面中进行拖动，给选区进行渐变填充，效果如图 1-172 所示。

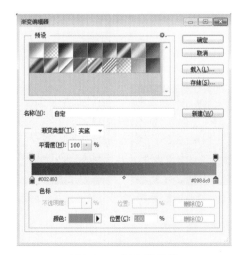

图1-171　渐变编辑器

图1-172　进行渐变填充

STEP 03 显示【图层】面板，单击【创建新图层】按钮，新建一个图层，如图 1-173 所示；接着在工具箱中设置前景色为白色，再选择【椭圆选框工具】　，在画面中按住【Shift】键绘制一个圆选框，然后按【Alt + Del】键填充白色，以得到如图 1-174 所示的圆。

图1-173　【图层】面板　　　图1-174 绘制一个圆

STEP 04 在【选择】菜单中执行【修改】→【羽化】命令，弹出【羽化选区】对话框，将【羽化半径】设置为 30 像素，如图 1-175 所示，设置好后单击【确定】按钮，以得到如图 1-176 所示的选区；然后在按【Del】键两次，以将选区内容删除一部分，如图 1-177 所示。

图1-175　【羽化选区】对话框

图1-176　羽化选区

图1-177　删除后的效果

STEP 05 在【图层】面板中将【不透明度】设置为50%，如图1-178所示。

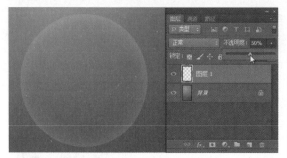

图1-178　降低不透明度后的效果

STEP 06 在【图层】面板中单击【创建新图层】按钮，新建一个图层，如图1-179所示，再用【椭圆选框工具】在圆形中间位置再绘制一个圆，并填充白色，其画面效果如图1-180所示。

图1-179　【图层】面板

图1-180　绘制一个圆

STEP 07 在【选择】菜单中执行【修改】→【羽化】命令，弹出【羽化选区】对话框，将【羽化半径】设置为10像素，如图1-181所示，设置好后单击【确定】按钮；按【Del】键1次，以将选区内容删除一部分，如图1-182所示的效果。再按Ctrl＋D键取消选择。

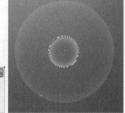

图1-181　【羽化选区】对话框　图1-182　删除后的效果

STEP 08 在【图层】面板中将图层2的【不透明度】设置为50%，降低不透明度后的效果如图1-183所示。

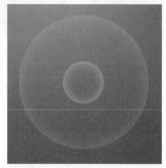

图1-183　降低不透明度后的效果

STEP 09 在【图层】面板中单击【创建新图层】按钮，新建一个图层，显示【路径】面板，单击【创建新路径】按钮，新建一个路径，如图1-184所示；在工具箱中选择【钢笔工具】，并在选项栏中选择"路径"，然后在画面中勾画出如图1-185所示的路径。

图1-184　【路径】面板

图1-185　绘制路径

STEP 10 按住【Ctrl】键点击要载入选区的路径，在【路径】面板中单击【将路径作为选区载入】按钮，如图1-186所示，将选择的路径载入选

区，然后按【Alt + De】键填充白色，效果如图
1-187 所示。

图1-186　【路径】面板

图1-187　填充颜色

STEP 11 按住【Ctrl】键在画面中点击要载入选区的路径，在【路径】面板中单击【将路径作为选区载入】按钮，将选择的路径载入选区，在【路径】面板的空余处单击，隐藏路径，如图1-188 所示，然后在【图层】面板中单击【创建新图层】按钮，新建一个图层，如图 1-189 所示，按【Alt + Del】键填充白色，效果如图1-190 所示。

图1-188　【路径】面板

图1-189　【图层】面板

图1-190　填充颜色

STEP 12 在【选择】菜单中执行【修改】→【羽化】命令，弹出【羽化选区】对话框，将【羽化半径】设置为50像素，如图 1-191 所示，设置好后单击【确定】按钮，如图 1-192 所示；然后按【Del】键两次，将选区内容删除一部分，效果如图 1-193 所示。

图1-191　【羽化选区】对话框

图1-192　羽化选区

图1-193　删除后的效果

STEP 13 在【图层】面板中以图层 3 为当前图层，按住【Ctrl】键单击"图层 3"的图层缩览图，使"图层 3"的内容载入选区，如图 1-194所示。

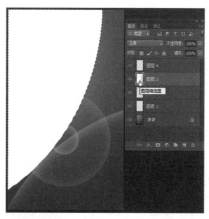

图1-194　将图层3的内容载入选区

STEP 14 在【选择】菜单中执行【修改】→【羽化】命令，弹出【羽化选区】对话框，将【羽化半径】设置为50像素，设置好后单击【确定】

按钮，以得到如图 1-195 所示的选区；然后按
【Del】键两次，将选区内容删除一部分，效果如
图 1-196 所示。

图1-195　羽化选区　　　图1-196　删除后的效果

STEP **15**　按【Ctrl + D】键取消选择，再在【图
层】面板中单击【添加图层蒙版】按钮，给"图
层 3"添加图层蒙版，如图 1-197 所示，接着在
工具箱中选择【画笔工具】 ，并在选项栏中
将【不透明度】设置为 30%，在画笔预设选取
器中选择画笔，并设置所需的画笔大小，如图
1-198 所示，然后在画面中进行涂抹，将不需要
的部分隐藏，效果如图 1-199 所示。

图1-197　【图层】面板

图1-198　【画笔工具】选项栏　图1-199　将不需要的
　　　　　　　　　　　　　　　　　　部分隐藏

STEP **16**　在【图层】面板中先激活"图层 4"，
单击【添加图层蒙版】按钮，给图层 4 添加图
层蒙版，如图 1-200 所示，接着用【画笔工具】
在画面中进行涂抹，将不需要的部分隐藏，效
果如图 1-201 所示。

图1-200　【图层】面板　　　图1-201　将不需要的
　　　　　　　　　　　　　　　　　部分隐藏

STEP **17**　在【图层】面板中单击【创建新图层】
按钮，新建一个图层，如图 1-202 所示，在【画
笔工具】的选项栏中将【不透明度】设置为
100%，在画笔预设选取器中选择所需的画笔，
并设置画笔大小，如图 1-203 所示。

图1-202　【图层】面板　　　图1-203　画笔预设选取器

STEP **18**　显示【路径】面板，单击【用画笔描边
路径】按钮，如图 1-204 所示，以给"路径 1"
描边，效果如图 1-205 所示；然后在【路径】面
板的空余区域单击，隐藏路径显示，效果如图
1-206 所示。

图1-204　【路径】面板

图1-205　给路径描边　　图1-206　描边后的效果

STEP 19 在【图层】面板中单击【添加图层蒙版】按钮，给"图层5"添加图层蒙版，如图1-207所示，用画笔工具，在画面中进行涂抹，将不需要的部分隐藏，效果如图1-208所示。

图1-207　【图层】面板　　图1-208　将不需要的部分
隐藏

STEP 20 从配套光盘的素材库中打开图标素材，如图1-209所示，用【移动工具】将其拖动到画面中，并摆放到适当位置，如图1-210所示。

图1-209　打开的图标　　图1-210　移动并复制
图标

STEP 21 在【图层】菜单中执行【图层样式】→【投影】命令，弹出【图层样式】对话框，将【距离】为设置为1像素，【大小】设置为1像

素，如图1-211所示，设置好后单击【确定】按钮，效果如图1-212所示。

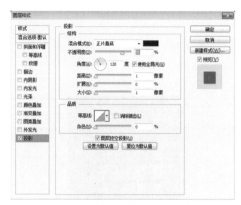

图1-211　【图层样式】对话框

图1-212　添加【投影】后的效果

STEP 22 在工具箱中将前景色设置为#b5d8f5，再选择【横排文字工具】，在选项栏中将参数设置为 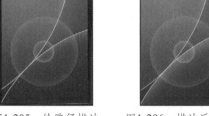，在画面中单击并输入所需的文字，在选项栏中单击 ✓ 按钮确认文字输入，如图1-213所示。用同样的方法再输入所需的文字，并设置字体大小，效果如图1-214所示。

图1-213　输入文字　　图1-214　输入文字

STEP 23 在【图层】面板中激活"背景层",如图 1-215 所示,再在【图层】菜单中执行【图层】→【背景图层】命令,弹出如图 1-216 所示的【新建图层】对话框,采用默认值,直接单击【确定】按钮,将背景层转换为普通图层,结果如图 1-217 所示。

然后将刚制作好的开锁界面复制到手机模型文件中,并摆放到所需的位置,效果如图 1-221 所示。

图1-218 【图层】面板　　图1-219 【图层】面板

图1-215 【图层】面板

图1-216 【新建图层】对话框

图1-220 打开的文件

图1-217 【图层】面板

STEP 24 按住【Shift】键在【图层】面板中单击最顶层的图层,以同时选择所有图层,如图 1-218 所示,按【Ctrl + G】键将所有选择的图层编成一组,如图 1-219 所示。

STEP 25 打开"实例 2 中"制作好的手机模型文件,并在其中激活"组 2",如图 1-220 所示;

图1-221 移动对象

实例6　手机播放音乐界面

实例效果图　　　　组合后的播放音乐界面

 操作步骤

STEP 01 按【Ctrl + O】键从配套光盘的素材库中打开背景图片，如图 1-222 所示。

图1-222　打开的图片

STEP 02 显示【图层】面板，单击【创建新图层】按钮，新建一个图层，如图 1-223 所示；在工具箱中前将景色设置为白色，选择【矩形工具】，并在选项栏 ▢ ▾ 像素 中选择"像素"，在画面中绘制一个矩形，如图 1-224 所示。

图1-223　【图层】面板

图1-224　绘制一个矩形

STEP 03 从配套光盘的素材库中打开素材图片，如图 1-225 所示；用【移动工具】将图片拖动背景图片中，并摆放到适当位置，如图 1-226 所示。

图1-225　打开的图片　　图1-226　移动并复制图片

STEP 04 在【图层】菜单中执行【创建剪贴蒙版】命令，创建剪贴组，以将图片中不需要的部分隐藏，效果如图 1-227 所示。

图1-227　【创建剪贴蒙版】后的效果

STEP 05 在【图层】面板中单击【创建新图层】按钮，新建一个图层为图层4，如图1-228所示；在工具箱中将前景色设置为#a1ceec，选择【矩形工具】，在画面中绘制一个矩形，如图1-229所示。

图1-228 【图层】面板　　图1-229 绘制一个长条矩形

STEP 06 在【图层】面板中单击【创建新图层】按钮，新建一个图层为图层5，接着在工具箱中将前景色设置为#e3e3e3，选择【矩形工具】，在画面底部绘制一个矩形，如图1-230所示。

图1-230 绘制矩形

STEP 07 在【图层】面板中单击【创建新图层】按钮，新建一个图层为"图层6"，在工具箱中将前景色设置为白色，再用【矩形工具】在画面中绘制一个矩形，如图1-231所示。

图1-231 绘制矩形

STEP 08 在【图层】面板中新建一个图层为"图层7"，在工具箱中选择【圆角矩形工具】，并在选项栏中选择"像素"将【半径】设置为5像素，然后在画面中绘制一个圆角矩形，如图1-232所示。

图1-232 绘制圆角矩形

STEP 09 在【图层】面板中双击"图层4"，弹出【图层样式】对话框，在其中选择【投影】选项，将【距离】设置为1像素，【大小】设置为1像素，【颜色】设置为#0b3956，其他不变，如图1-233所示，设置好后单击【确定】按钮，效果如图1-234所示。

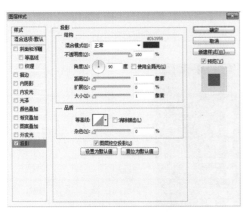

图1-233 【图层样式】对话框

图1-236 添加【渐变叠加】后的效果

说明
色标1的颜色为#d0d0d0，色标2的颜色为#e9e5e5，色标3的颜色为#f4f4f4，色标4的颜色为#d0d0d0。

图1-234 添加【投影】后的效果

STEP 10 在【图层】面板中双击"图层5"，弹出【图层样式】对话框，在其中选择【渐变叠加】选项，编辑所需的渐变颜色，如图1-235所示，效果如图1-236所示。

STEP 11 在【图层样式】对话框中选择【投影】选项，将【不透明度】设置为33%，【距离】设置为2像素，【大小】设置为5像素，【角度】设置为-90度，其他不变，如图1-237所示，设置好后单击【确定】按钮，效果如图1-238所示。

图1-237 【图层样式】对话框　　图1-238 添加【投影】后的效果

STEP 12 在【图层】面板中右击"图层5"，弹出快捷菜单，选择【拷贝图层样式】命令，如图1-239所示；在"图层7"上右击，弹出快捷菜单，选择【粘贴图层样式】命令，如图1-240所示，将图层5中的样式复制到图层7中，效果如图1-241所示。

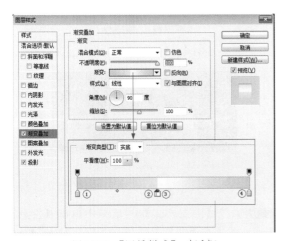

图1-235 【图层样式】对话框

图1-239 【图层】面板

图1-240 【图层】面板

图1-241 复制图层样式后的效果

STEP 13 在【图层】面板中双击"图层7"中的"投影"效果栏，弹出【图层样式】对话框，将投影的【角度】改为90度，如图1-242所示，设置好后单击【确定】按钮，效果如图1-243所示。

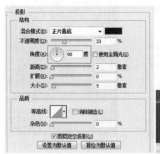

图1-242 【图层】面板   图1-243 添加【投影】后的效果

STEP 14 在【图层】面板中激活"图层6"，按【Ctrl+J】键复制一个副本并隐藏副本图层，如图1-244所示。

STEP 15 在【图层】面板中双击"图层6"，弹出【图层样式】对话框，选择【颜色叠加】选

项，将【颜色】设置为#063d65，如图1-245所示，效果如图1-246所示。

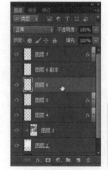

图1-244 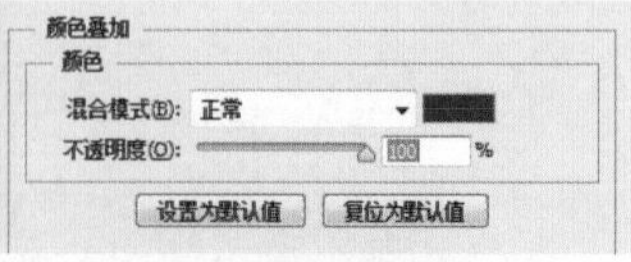   图1-245 【图层样式】对话框

图1-246 添加【颜色叠加】后的效果

STEP 16 在【图层样式】对话框中单击【内阴影】选项，将【不透明度】设置为26%，其他不变，如图1-247所示，效果如图1-248所示。

图1-247 【图层样式】对话框

图1-248 添加【内阴影】后的效果

STEP 17 在【图层样式】对话框中单击【投影】选项，将【不透明度】设置为50%，【距离】设置为3像素，如图1-249所示，设置好后单击

【确定】按钮，效果如图 1-250 所示。

图1-249 【图层样式】对话框

图1-250 添加【投影】后的效果

STEP 18 在【图层】面板中单击"图层 6 副本"并显示该图层，如图 1-251 所示，再按【Ctrl+T】键执行【自由变换】命令，将副本对象调小，如图 1-252 所示，调整好后在选项栏中单击 ✅ 按钮，确认变换。

图1-251 【图层】面板　图1-252 【自由变换】调整

STEP 19 在【图层】面板中双击"图层 6 副本"，弹出【图层样式】对话框，选择【渐变叠加】选项，再设置所需的参数，如图 1-253 所示，设置好后单击【确定】按钮，效果如图 1-254 所示。

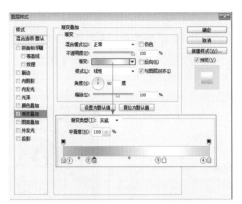

图1-253 【图层样式】对话框

图1-254 添加【渐变叠加】后的效果

> **说明**
> 色标 1 的颜色为 #bbbaba，色标 2 的颜色为 #a5a4a4，色标 3 的颜色为白色，色标 4 的颜色为 #c9c9c9。

STEP 20 在【图层】面板中单击【创建新图层】按钮，新建一个图层，再按住【Ctrl】键单击"图层 2"的图层缩览图，使"图层 2"载入选区，如图 1-255 所示。

图1-255 新建图层并载入选区

STEP 21 在【编辑】菜单中执行【描边】命令，

弹出【描边】对话框,将【宽度】设置为3像素,【颜色】设置为黑色,【位置】设置为内部,如图1-256所示,设置好后单击【确定】按钮,效果如图1-257所示。

图1-256 【描边】对话框　　图1-257 【描边】后的效果

STEP 22 在【图层】面板中双击新建的"图层8",弹出【图层样式】对话框,选择【投影】选项,设置所需的参数,如图1-258所示,设置好后单击【确定】按钮,效果如图1-259所示。

图1-258 【图层样式】对话框 图1-259 添加【投影】后的效果

STEP 23 从配套光盘的素材库中打开播放按钮图标素材,用移动工具将其拖动到画面中并摆放到所需的位置,如图1-260所示。

提示
也可以用【矩形工具】与【多边形工具】绘制出这些图标。

图1-260 打开图标并复制到适当位置

STEP 24 在【图层】面板中双击"图层9",弹出【图层样式】对话框,选择【内阴影】选项,设置所需的参数,如图1-261所示,再选择【投影】选项,设置所需的参数,如图1-262所示,设置好后单击【确定】按钮,效果如图1-263所示。

图1-261 【图层样式】对话框

图1-262 【图层样式】对话框

图1-263 添加【图层样式】后的效果

STEP 25 在工具箱中选择【横排文字工具】，在选项栏中设置所需的参数，在画面中单击并输入所需的文字，如图 1-264 所示，输入好后在选项栏中单击 ✔ 按钮，再用同样的方法在其他的位置单击并输入所需的文字，如图 1-265 所示。

图1-264 输入文字　　　图1-265 输入文字

STEP 26 用【横排文字工具】在画面中选择要改变颜色的文字，在选项栏中将【文本颜色】设置为 #efdc06，如图 1-266 所示，设置好后单击 ✔ 按钮，确认文字更改。

图1-266 改变文字颜色

STEP 27 在【图层】面板中激活要添加投影效果的文字所在图层，在其上双击，弹出【图层样式】对话框，选择【投影】选项，设置所需的参数，如图 1-267 所示，设置好后单击【确定】按钮，效果如图 1-268 所示。

图1-267 【图层样式】对话框

图1-268 添加【投影】后的效果

STEP 28 在刚添加了投影效果的图层上右击，弹出快捷菜单，选择【拷贝图层样式】命令，如图 1-269 所示；右击"Options"文字图层，在弹出的快捷菜单中执行【粘贴图层样式】命令，如图 1-270 所示，将投影效果添加到该图层中，右击"00:55"文字图层，同样选择【粘贴图层样式】命令，如图 1-271 所示，将投影效果添加到该图层中，效果如图 1-272 所示。

图1-269 【图层】面板　　图1-270 【图层】面板

图1-271 【图层】面板　图1-272 【拷贝图层样式】后的效果

图1-275 【图层】面板　图1-276 【图层】面板

STEP 31 打开"案例2"中制作好的手机模型文件，如图1-277所示，再激活刚制作的文件，并将组1拖动到手机模型文件中，并摆放到所需的位置，效果如图1-278所示。

STEP 29 在【图层】面板中双击"03:58"文字图层，弹出【图层样式】对话框，选择【投影】选项，设置所需的参数，如图1-273所示，设置好后单击【确定】按钮，效果如图1-274所示。

图1-273 【图层样式】对话框

图1-277 打开的文件

图1-274 添加【投影】后的效果

STEP 30 在【图层】面板中激活最顶层的图层，按住【Shift】键单击"图层1"，以同时选择所有图层，如图1-275所示，再按【Ctrl+G】键将选择的图层编成一组，如图1-276所示。

图1-278 移动后的效果

实例7　手机办公系统登录界面

实例效果图　　　组合后的办公系统登录
界面

STEP 01 先在工具箱中将前景色设置为 #0f6896，背景色设置为 #054981，按【Ctrl + N】键弹出【新建】对话框，将【宽度】设置为 400 像素，【高度】设置为 440 像素，【分辨率】设置为 150 像素 / 英寸，【颜色模式】设置为 RGB 颜色，【背景内容】设置为背景色，设置好后单击【确定】按钮，新建一个空白的文档。

STEP 02 在工具箱中选择【圆角矩形工具】，并在选项栏中选择"像素"，将【半径】设置为 15 像素，在【图层】面板中单击【创建新图层】按钮，新建一个图层，如图 1-279 所示，在画面中绘制一个圆角矩形，如图 1-280 所示。

图1-279 【图层】面板　　图1-280　绘制一个圆角
矩形

STEP 03 在【图层】菜单中执行【图层样式】→

【内发光】命令，弹出【图层样式】对话框，设置所需的参数，将【颜色】设置为黑色，如图 1-281 所示，设置好后单击【确定】按钮，效果如图 1-282 所示。

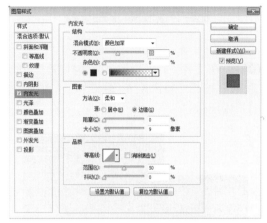

图1-281 【图层样式】对话框

图1-282　添加【内发光】后的效果

STEP 04 在【图层】面板中单击【创建新图层】按钮，新建一个图层，如图 1-283 所示，在【路径】面板中单击【创建新路径】按钮，新建一个路径，如图 1-284 所示；在工具箱中选择【钢笔工具】，并在选项栏中选择"路径"，在画面中绘制一个图形，如图 1-285 所示。

图1-283 【图层】面板　　图1-284 【路径】面板

图1-285 绘制一个图形

STEP 05 在【路径】面板中单击【将路径作为选区载入】按钮，将刚绘制的路径载入选区，如图1-286所示。

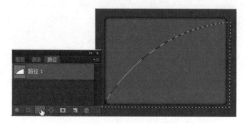

图1-286 将刚绘制的路径载入选区

STEP 06 将前景色设置为白色，再按【Alt+Del】键填充白色，效果如图1-287所示。

图1-287 填充白色

STEP 07 在【选择】菜单中执行【修改】→【收缩】命令，弹出【收缩选区】对话框，将【收缩量】设置为5像素，如图1-288所示，单击【确定】按钮，将选区缩小，如图1-289所示。

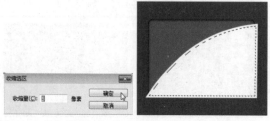

图1-288 【收缩选区】对话框　图1-289 【收缩选区】后的效果

STEP 08 在工具箱中选择【多边形套索工具】，选择（添加到选区）按钮，在画面中勾选出选框，如图1-290、图1-291所示。

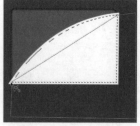

图1-290 勾选时的状态　　图1-291 添加选区

STEP 09 按【Shift+F6】键执行【羽化】命令，弹出【羽化选区】对话框，将【羽化半径】设置为30像素，如图1-292所示，单击【确定】按钮，得到如图1-293所示的选区。

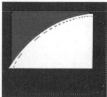

图1-292 【羽化选区】对话框　图1-293 【羽化选区】后的效果

STEP 10 在【选择】菜单中执行【反向】命令，或按【Ctrl+Shift+I】键，将选区反向选择，如图1-294所示。

图1-294 将选区反向选择

STEP 11 在【图层】面板中单击【添加图层蒙版】按钮，由选区建立图层蒙版，如图1-295所示，效果如图1-296所示。

图1-295 【图层】面板

图1-296 【添加图层蒙版】后的效果

STEP 12 在【图层】面板中单击蒙版缩览图，如图 1-297 所示，进入蒙版编辑状态，在工具箱中选择【画笔工具】，并在选项栏中设置所需的参数，如图 1-298 所示；在画面中一些不需要的内容上进行涂抹，以将其隐藏，如图 1-299 所示。

图1-297 【图层】面板

图1-298 【画笔工具】选项栏

图1-299 隐藏不需要的内容

STEP 13 在【图层】菜单中执行【创建剪贴蒙版】命令，创建剪贴组，效果如图 1-300 所示。

图1-300 【创建剪贴蒙版】后的效果

STEP 14 在【图层】面板中将【不透明度】设置为 50%，如图 1-301 所示，效果如图 1-302 所示。

图1-301 【图层】面板

图1-302 设置【不透明度】后的效果

STEP 15 在【图层】面板中单击【创建新图层】按钮，新建一个图层，如图 1-303 所示，再在工具箱中选择【圆角矩形工具】，在选项栏中选择"像素" ，在画面中绘制一个圆角矩形，如图 1-304 所示。

图1-303 【图层】面板

图1-304 绘制一个圆角矩形

STEP 16 在【图层】面板中单击【添加图层蒙版】按钮，给"图层3"添加图层蒙版，如图 1-305 所示。

图1-305 【图层】面板

STEP 17 在工具箱中选择【渐变工具】，在选项栏的渐变拾色器中选择黑白渐变，如图 1-306 所示，然后在画面中拖动，给蒙版进行渐变填充，从而隐藏一部分内容，效果如图 1-307 所示。

图1-306　渐变拾色器　　图1-307　给蒙版进行渐变填充

STEP 18 在工具箱中选择钢笔工具，并在选项栏中选择"形状" ，在画面中绘制一个图形，如图 1-308 所示。

图1-308　绘制一个图形

STEP 19 在【图层】菜单中执行【图层样式】→【渐变叠加】命令，弹出【图层样式】对话框，设置所需的参数，如图 1-309 所示，效果如图 1-310 所示。

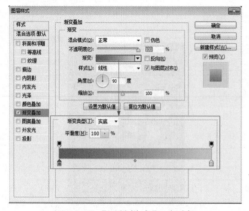

图1-309　【图层样式】对话框

图1-310　添加【渐变叠加】后的效果

> **说明**
> 左边色标的颜色为 #106997，右边色标的颜色为 #7ed3fe。

STEP 20 在【图层样式】对话框中选择【内阴影】选项，设置所需的参数，其内阴影颜色设置为 #31c7ff，如图 1-311 所示，效果如图 1-312 所示。

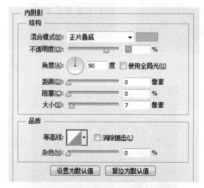

图1-311　【图层样式】对话框

图1-312　添加【内阴影】后的效果

STEP 21 在【图层样式】对话框中选择【描边】选项，设置所需的参数，如图 1-313 所示，效果如图 1-314 所示。

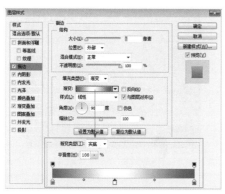

图1-313 【图层样式】对话框

图1-314 添加【描边】后的效果

说明

左边色标颜色为 #41788a，中间色标的颜色为白色，右边色标的颜色为 #2f6b7f。

STEP 22 在【图层样式】对话框中选择【投影】选项，设置所需的参数，如图 1-315 所示，设置好后单击【确定】按钮，效果如图 1-316 所示。

图1-315 【图层样式】对话框　图1-316 添加【投影】后的效果

STEP 23 在【图层】面板中单击【创建新图层】按钮，新建一个图层为"图层4"，在工具箱中选择【椭圆选框工具】，在画面中绘制一个椭圆选框，如图 1-317 所示。

图1-317 绘制一个椭圆选框

STEP 24 按【Shift+F6】键执行【羽化】命令，弹出【羽化选区】对话框，将【羽化半径】设置为 10 像素，如图 1-318 所示，单击【确定】按钮，将前景色为 #89ecfe，然后按【Alt + Del】键填充前景色，效果如图 1-319 所示。

图1-318 【羽化选区】对话框　图1-319 填充前景色后的效果

STEP 25 按住【Ctrl】键，在【图层】面板中单击"形状1"形状图层的图层缩览图，如图 1-320 所示，使"形状1"的内容载入选区，如图 1-321 所示。

图1-320 【图层】面板　图1-321 将"形状1"的内容载入选区

STEP 26 在【图层】面板中单击【添加图层蒙版】按钮，如图 1-322 所示，由选区建立图层蒙版，效果如图 1-323 所示。

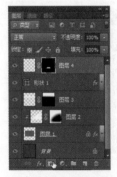

图1-322 【图层】面板

图1-323 【添加图层蒙版】后的效果

STEP 27 按住【Ctrl】键在【图层】面板中单击"形状 1"形状图层和"图层 4"，以同时选择这两个图层，如图 1-324 所示，按【Ctrl + G】键将它们编成一组，如图 1-325 所示。

图1-324 【图层】面板

图1-325 【图层】面板

STEP 28 按住【Ctrl + J】键复制一个副本，如图 1-326 所示，在【编辑】菜单中执行【变换】→【垂直翻转】命令，将副本进行垂直翻转，如图 1-327 所示，选择【移动工具】，按住【Shift】键将副本向上拖动到所需的位置，如图 1-328 所示。

图1-326 【图层】面板

图1-327 【垂直翻转】后的效果

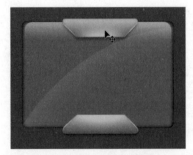

图1-328 移动对象

注意

如果要移动组中内容时，先在【移动工具】的选项栏中勾选【自动选择】，并在列表中选择组。如果要移动图层内容，直接在列表中选择图层即可。

STEP 29 在【图层】面板中将组 1 副本折叠起来，再单击【创建新图层】按钮，新建一个图层，如图 1-329 所示，选择用【矩形选框工具】，在画面中绘制一个矩形选框，如图 1-330 所示。

图1-329 【图层】面板

图1-330 绘制一个矩形选框

STEP 30 在【编辑】菜单中执行【描边】命令，并在弹出的对话框中将【宽度】设置为 2 像素，【颜色】设置为 #0386c9，【位置】设置为居中，如图 1-331 所示，设置好后单击【确定】按钮，按【Ctrl + D】键取消选择，效果如图 1-332 所示。

图1-331 【描边】对话框

图1-332 【描边】后的效果

STEP 31 按【Ctrl + J】键复制一个副本，如图 1-333 所示，选择【移动工具】，按住【Shift】键将其向下拖动到适当位置，如图 1-334 所示；用同样的方法再复制一个副本，并移动到所需的位置，如图 1-335 所示。

所需的参数，如图 1-338 所示，设置好后单击【确定】按钮，效果如图 1-339 所示。

图1-338 【图层样式】对话框

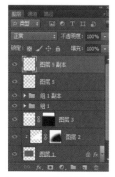 

图1-333 【图层】面板　　图1-334 移动并复制矩形

图1-335 移动并复制矩形

STEP 32 按住【Shift】键在【图层】面板中单击"图层 5"，以同时选择 3 个图层，如图 1-336 所示，再按【Ctrl + E】键将其合并为一个图层，结果如图 1-337 所示。

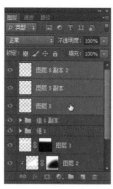 

图1-336 【图层】面板　　图1-337 【图层】面板

STEP 33 在【图层】菜单中执行【图层样式】→【投影】命令，弹出【图层样式】对话框，设置

图1-339 添加【投影】后的效果

STEP 34 在工具箱中选择【横排文字工具】，并在选项栏中将参数设置为 ，然后在画面中适当位置单击并输入所需的文字，如图 1-340 所示；输入好后单击✓按钮，确认文字输入。用同样的方法在画面中其他位置单击并输入所需的文字，如图 1-341 所示。

 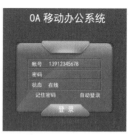

图1-340 输入文字　　图1-341 输入文字

STEP 35 在【图层】面板中新建一个图层，如图 1-342 所示；选择【矩形工具】，并在选项栏中选择"像素" ，在画面中绘制一个白色的矩形，如图 1-343 所示。

图1-342 【图层】面板　　图1-343 绘制一个白色矩形

STEP 36 按住【Ctrl】键在【图层】面板中单击"图层5"的图层缩览图，使"图层5"的内容载入选区，如图1-344所示；按【Alt + Ctrl + Shift】键将其向右拖动到适当位置，以复制一个副本，如图1-345所示。

图1-344 将图层5的内容载入选区

图1-345 移动并复制矩形

STEP 37 在工具箱中选择【椭圆工具】，在选项栏中选择"像素"  ，在画画中绘制一个小圆形，如图1-346所示；用上一步中复制白色矩形的方法进行复制，如图1-347所示。

图1-346 绘制一个小圆形　图1-347 移动并复制小圆形

STEP 38 在【图层】面板中新建一个图层，如图1-348所示，再选择【自定形状工具】 ，在选项栏中选择"像素" ，然后在【形状】面板中选择所需的形状，如图1-349所示，在画面中适当位置绘制出所选的形状，如图1-350所示。

 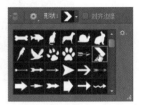

图1-348 【图层】面板　　图1-349 【形状】面板

图1-350 绘制出所选的形状

STEP 39 在【编辑】菜单中执行【变换】→【旋转90度（顺时针）】命令，将对象进行旋转，如图1-351所示，按【Ctrl + J】键复制一个副本，然后按住【Shift】键并用【移动工具】将其向下移动到适当位置，如图1-352所示。

图1-351　将对象进行旋转　图1-352　移动并复制对象

STEP 40 从配套光盘的素材库中打开素材图片，用【移动工具】将其拖动到画面中，并摆放到适当位置，如图1-353所示。

图1-353　打开图片并拖动到适当位置

STEP 41 按【Ctrl＋J】键复制一个副本，在【编辑】菜单中执行【变换】→【垂直翻转】命令，如图1-354所示，再用【移动工具】将其向下拖动到适当位置，如图1-355所示。

图1-354　【垂直翻转】后
的效果

图1-355　移动图像

STEP 42 在【图层】面板中将副本图层的【不透明度】设置为40%，如图1-356所示，效果如图1-357所示。

图1-356　【图层】面板　图1-357　降低不透明度
后的效果

STEP 43 在【图层】面板中单击【添加图层蒙版】按钮，给"图层7副本"添加图层蒙版，如图1-358所示，在工具箱中选择【渐变工具】，并在选项栏中选择"黑白渐变"，然后在画面中进行拖动，将不需要的内容隐藏，效果如图1-359所示。

图1-358　【图层】面板　图1-359　将不需要的内容
隐藏

STEP 44 在工具箱中选择【画笔工具】，并在选项栏中将参数设置为和【不透明度：100%】，在画面中不需要的内容上进行涂抹，以绘制出所需的效果，如图1-360所示。

图1-360　将不需要的内容隐藏

STEP 45 按【Ctrl + J】键复制一个副本，以加强效果，如图 1-361 所示。

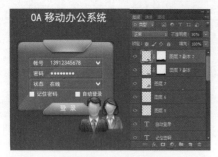

图1-361 复制对象

STEP 46 先在【图层】面板中选择最顶层，再按住【Shift】键单击"图层1"，以同时选择除背景层外的所有图层，如图 1-362 所示，再按【Ctrl + G】键将选择的图层编成一组，结果如图 1-363 所示。

图1-362 【图层】面板　　图1-363 【图层】面板

STEP 47 打开"案例 4"中已经制作好的手机常用按钮界面，在【图层】面板中激活"组 2"，以它为当前图层组，如图 1-364 所示，激活刚制作的文件，将组 2 拖动到手机常用按钮界面中，并摆放到所需的位置，效果如图 1-365 所示。

图1-364 打开的文件

图1-365 移动并复制对象

实例8　手机天气界面

实例效果图　　　　组合后的天气界面

操作步骤

STEP 01 从配套光盘的素材库中打开素材背景图片，如图 1-366 所示。

图1-366 打开素材图片

STEP 02 显示【图层】面板，并在其中单击【创建新图层】按钮，新建一个图层，将该图层的【不透明度】设置为50%，如图1-367所示；在工具箱中将前景色设置为#104604，按Alt+Del键填充前景色，效果如图1-368所示。

图1-367 【图层】面板　　图1-368 填充前景色后的效果

STEP 03 在【图层】面板中新建一个图层，将该图层的【不透明度】设置为50%，如图1-369所示；再设置前景色为#57861f，选择【矩形工具】，并在选项栏中选择"像素"，在画面中绘制一个矩形，效果如图1-370所示。

图1-369 【图层】面板　　图1-370 绘制一个矩形

STEP 04 再在【图层】面板中新建一个图层，在工具箱中将前景色设置为#c1cd45，选择【圆角矩形工具】，并在选项栏中选择"像素"，将【半径】设置为15像素，在画面中绘制一个圆角矩形，效果如图1-371所示。

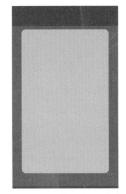

图1-371 绘制一个圆角矩形

STEP 05 按住【Ctrl】键在【图层】面板中单击"图层3"的图层缩览图，如图1-372所示，使"图层3"载入选区，如图1-373所示。

图1-372 【图层】面板　　图1-373 将图层3载入选区

STEP 06 在【选择】菜单中执行【修改】→【收缩】命令，弹出【收缩选区】对话框，将【收缩量】设置为5像素，如图1-374所示，单击【确定】按钮，以得到如图1-375所示的选区。

图1-374 【收缩选区】对话框　　图1-375 【收缩选区】后的效果

STEP 07 在【编辑】菜单中执行【描边】命令，弹出【描边】对话框，将【颜色】设置为 #e9eda4，【宽度】设置为 3 像素，【位置】设置为内部，如图 1-376 所示，设置好后单击【确定】按钮，按【Ctrl + D】键取消选择，效果如图 1-377 所示。

图1-376 【描边】对话框

图1-377 【描边】后的效果

STEP 08 用【圆角矩形工具】在画面中绘制一个白色的圆角矩形，效果如图 1-378 所示。

图1-378 绘制圆角矩形

STEP 09 在【图层】面板中双击"图层 3"，弹出【图层样式】对话框，选择【投影】选项，设置所需的参数，如图 1-379 所示，设置好后单击【确定】按钮，效果如图 1-380 所示。

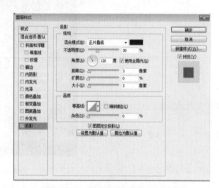

图1-379 【图层样式】对话框

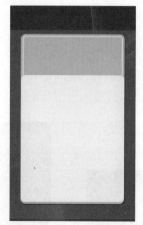

图1-380 添加【投影】后的效果

STEP 10 在【图层】面板中新建一个图层为"图层 4"，将前景色设置为 #4f6f23，选择【圆角矩形工具】，并在选项栏中将【半径】设置为 10 像素，然后在画面底部绘制 3 个圆角矩形，效果如图 1-381 所示。

STEP 11 按【Ctrl + J】键复制一个图层，如图 1-382 所示，然后在键盘上按【←】键将副本向左略微偏移。

图1-381 绘制三个圆角矩形　图1-382 【图层】面板

STEP 12 在【图层】面板中双击"图层 4 副本"，弹出【图层样式】对话框，选择【渐变叠加】选项，设置所需的参数，如图 1-383 所示，设置好后单击【确定】按钮，效果如图 1-384 所示。

 说明

左边色标的颜色为 #b2a408，右边色标的颜色为白色。

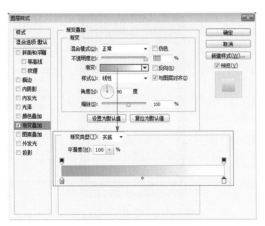

图1-383 【图层样式】对话框

图1-384 添加【渐变叠加】后的效果

STEP 13 在【图层】面板中新建一个图层为"图层5"，在工具箱中选择【椭圆选框工具】，并在选项栏选择【添加到选区】按钮，将参数设置为 样式:固定大小 宽度:40像素 高度:40像素，在画面中分别绘制如图1-385所示的3个圆选框。

图1-385 绘制三个圆选框

STEP 14 在【编辑】菜单中执行【描边】命令，弹出【描边】对话框，将【宽度】设置为2像素，【颜色】设置为#d5d6d2，【位置】设置为居中，如图1-386所示，设置好后单击【确定】按钮，效果如图1-387所示。

图1-386 【描边】对话框　　图1-387 【描边】后的效果

STEP 15 将前景色设置为#d5d6d2，在工具箱中选择【矩形选框工具】，并在选项栏选择【添加到选区】按钮，将参数设置为 样式:固定大小 宽度:240像素 高度:2像素，在画面中分别绘制3个长条选框，如图1-388所示；按【Alt + Delete】键填充前景色，按【Ctrl + D】键取消选择，效果如图1-389所示。

图1-388 绘制长条选框　　图1-389 填充前景色后的效果

STEP 16 将前景色设置为#b6bf3b，用【矩形选框工具】在画面中如图1-390所示的位置绘制一

个长条选框；按【Alt + Delete】键填充前景色，
按【Ctrl + D】键取消选择，效果如图 1-391 所示。

 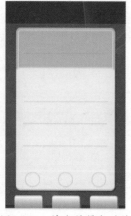

图1-390 绘制长条选框　图1-391 填充前景色后的
效果

STEP 17 从配套光盘的素材库中打开图标素材，
如图 1-392 所示，用【移动工具】将其拖动到画
面中来，并摆放到所需的位置，效果如图 1-393
所示。

图1-392 打开的图标文件　图1-393 移动并复制图标

STEP 18 在【图层】面板中新建一个图层为图层
7，在工具箱中选择【椭圆工具】，并在选项栏
中设置所需的参数，如图 1-394 所示，然后在画
面中分别绘制 4 个小圆形，如图 1-395 所示。

图1-394 椭圆工具选项栏

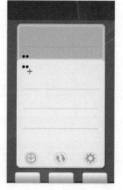

图1-395 绘制4个小圆形

STEP 19 在工具箱中将前景色设置为 #8b5801，
再选择【钢笔工具】 ，在选项栏中选择形状，
再选择【合并形状】命令，如图 1-396 所示，在
画面中绘制两个小四边形，如图 1-397 所示。

图1-396 选择【合并形状】　图1-397 绘制两个
命令　　　　　　　　小四边形

STEP 20 在【图层】面板中双击该形状图层，弹出
【图层样式】对话框，并在其中选择【斜面和浮雕】
选项，设置所需的参数，如图 1-398 所示，设置好
后单击【确定】按钮，效果如图 1-399 所示。

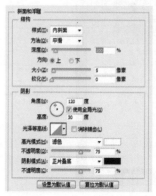 

图1-398 【图层样式】对话框　图1-399 添加【斜面
和浮雕】后的效果

STEP 21 按【Ctrl】键在【图层】面板中单击
"图层 7",以同时选择"形状 1"和"图层 7"
这两个图层,如图 1-400 所示;在工具箱中选择
【移动工具】，按【Alt + Shift】键将刚绘制的
图形向右拖动到适当位置,且复制出一个副本,
效果如图 1-401 所示。

图1-404　输入文字　　图1-405　输入文字

图1-400　【图层】面板　　图1-401　移动并复制对象

STEP 22 从配套光盘的素材库中打开天气图标素
材,如图 1-402 所示,用【移动工具】将其拖动
到画面中并摆放到所需的位置,效果如图 1-403
所示。

STEP 24 在【图层】面板中先激活要添加投影效
果的图层(如:"选择"文字图层),在其上双
击,弹出【图层样式】对话框,选择【投影】选
项,设置所需的参数,如图 1-406 所示,设置好
后单击【确定】按钮,效果如图 1-407 所示。

图1-406　【图层样式】对话框

图1-402　打开的图标文件　图1-403　移动并复制图标

图1-407 添加【投影】后的效果

STEP 23 在工具箱中选择【横排文字工具】，
在选项栏中将【字体】设置为黑体,【颜色】为
#f6fbb5,在画面中单击并输入所需的文字,如
图 1-404 所示,输入好后在选项栏中单击按
钮,确认文字输入;再用同样的方法在其他位
置单击并输入所需的文字,如图 1-405 所示。

STEP 25 在刚添加了投影效果的图层上右击,弹
出快捷菜单,在其中选择【拷贝图层样式】命
令,如图 1-408 所示;再右击"切换"文字图
层,在弹出的快捷菜单中执行【粘贴图层样式】
命令,如图 1-409 所示,即可将投影效果添加到
该图层上,然后再右击"隐藏"文字图层,同

样选择【粘贴图层样式】命令，如图1-410所示，即可将投影效果添加到该图层上，效果如图1-411所示。

图1-408 【图层】面板　　图1-409 【图层】面板

图1-410 【图层】面板　　图1-411 【拷贝图层样式】后的效果

STEP 26 在【图层】面板中激活"天气通"文字图层，单击【创建新图层】按钮，新建"图层9"，如图1-412所示；将前景色设置为白色，用【矩形工具】在画面中绘制几个白色的矩形，如图1-413所示。

图1-412 【图层】面板　　图1-413 绘制白色矩形

STEP 27 在【图层】面板中双击"图层9"，弹出【图层样式】对话框，并在其中选择【渐变叠加】选项，编辑所需的渐变颜色，如图1-414所示，设置好后单击【确定】按钮，效果如图1-415所示。

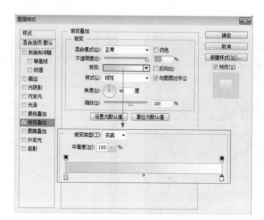

图1-414 【图层样式】对话框

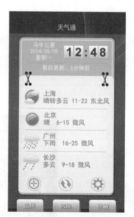

图1-415 添加【渐变叠加】后的效果

> 🌟 **说明**
> 左边色标的颜色为#f7e255，右边色标的颜色为白色。

STEP 28 在【图层】面板中选择除背景外的所有图层，如图1-416所示，按【Ctrl＋G】键将其编成一组，如图1-417所示。

STEP 29 打开"案例2"中已经制作好的手机模型文件，如图1-418所示，然后再激活刚制作的文件，并将"组1"拖动到手机模型文件中，摆放到所需的位置，效果如图1-419所示。

图1-416 【图层】面板

图1-417 【图层】面板

图1-418 打开的文件

图1-419 移动复制对象

实例9 手机设置界面

实例效果图　　　　　组合后的设置界面

操作步骤

STEP 01 从配套光盘的素材库中打开背景图片素材，如图1-420所示。

图1-420 打开的图片

STEP 02 显示【图层】面板，在其中单击【创建新图层】按钮，新建一个图层，如图1-421所示；在工具箱中选择【矩形选框工具】，在选项栏中将参数设置为

，然后在画面中拖动，即可绘制出一个指定大小的矩形选框，如图1-422所示。

图1-421 【图层】面板

图1-422 制出矩形选框

图1-426 添加【斜面和浮雕】后的效果

STEP 03 在【编辑】菜单中执行【描边】命令，弹出【描边】对话框，将【颜色】设置为#e9eda4，【宽度】设置为4像素，【位置】设置为内部，如图 1-423 所示，设置好后单击【确定】按钮，按【Ctrl＋D】键取消选择，效果如图1-424 所示。

STEP 05 在【图层样式】对话框中选择【颜色叠加】选项，将【颜色】设置为#9f9d9d，如图1-427 所示，设置好后单击【确定】按钮，效果如图 1-428 所示。

图1-423 【描边】对话框

图1-424 【描边】后的效果

图1-427 【图层样式】对话框

图1-428 添加【颜色叠加】后的效果

STEP 04 在【图层】面板中双击"图层1"，弹出【图层样式】对话框，在其中选择【斜面和浮雕】选项，设置所需的参数，如图 1-425 所示，效果如图 1-426 所示。

STEP 06 在【图层】面板中新建一个图层为"图层 2"，将该图层的【不透明度】设置为20%，如图 1-429 所示；将前景色设置为#00ff12，选择【矩形工具】 ，并在选项栏中选择"像素" ，在画面中绘制一个矩形，效果如图 1-430 所示。

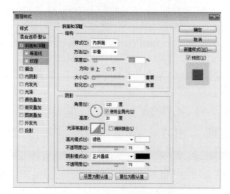

图1-425 【图层样式】对话框

图1-429 【图层】面板

图1-430 绘制一个矩形

STEP 07 在【图层】面板中新建一个图层为"图层3"，将该图层的【不透明度】设置为50%；将前景色设置为白色，用【矩形工具】在画面中绘制一个矩形，效果如图1-431所示。

图1-431　绘制一个矩形

STEP 08 在【图层】面板中双击"图层3"，弹出【图层样式】对话框，在其中选择【渐变叠加】选项，设置所需的参数，如图1-432所示，设置好后单击【确定】按钮，效果如图1-433所示。

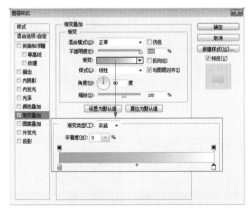

图1-432　【图层样式】对话框

图1-433　添加【渐变叠加】后的效果

说明

左边色标的颜色为 #10df21，右边色标的颜色为白色。

STEP 09 在【图层】面板中新建一个图层为"图层4"，选择【矩形选框工具】，在画面中绘制一个矩形选框，如图1-434所示。

图1-434　绘制一个矩形选框

STEP 10 在【编辑】菜单中执行【描边】命令，弹出【描边】对话框，在其中将【颜色】设置为 #10df21，【宽度】设置为4像素，【位置】设置为内部，如图1-435所示，设置好后单击【确定】按钮，按【Ctrl＋D】键取消选择，效果如图1-436所示。

图1-435　【描边】对话框

图1-436　【描边】后的效果

STEP 11 在【图层】面板中双击"图层4"，弹出【图层样式】对话框，在其中选择【斜面和浮雕】选项，设置所需的参数，如图1-437所示，设置好后单击【确定】按钮，效果如图1-438所示。

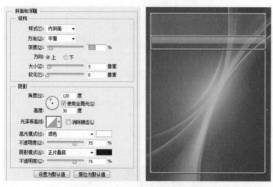

图1-437 【图层样式】对话框 图1-438 添加【斜面和浮雕】后的效果

STEP 12 在工具箱中选择【横排文字工具】，并在选项栏中将参数设置为 黑体 R.6点，在画面中单击并输入所需的文字，如图1-439所示，输入好后单击 ✓ 按钮确认文字输入。用同样的方法在画面中不同的位置单击并输入所需的文字，效果如图1-440所示。

图1-439 输入文字 图1-440 输入文字

STEP 13 在工具箱中选择【移动工具】▸╂，按住【Ctrl】键在【图层】面板中单击要进行对齐与均匀分布的文字图层，以同时选择它们，如图1-441所示，在选项栏中单击 ▤ 与 ☰ 按钮，将选择的文字图层进行左对齐并均匀分布，效果如图1-442所示。

STEP 14 用【移动工具】将文字拖动到所需的位置，如图1-443所示。

STEP 15 按住【Ctrl】键在【图层】面板中单击要进行对齐的文字图层，以同时选择它们，如图1-444所示，在选项栏中单击 ▥ 按钮，将选择的文字图层进行底部对齐，对齐后再移动到所

需的位置，效果如图1-445所示。

图1-441 【图层】面板 图1-442 对齐与分布后的效果

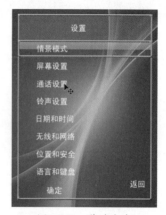

图1-443 移动文字

 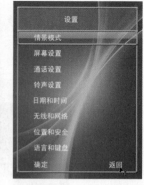

图1-444 【图层】面板 图1-445 将文字图层底部对齐

STEP 16 在【图层】面板中激活最上层的文字图层，再新建一个图层为"图层5"，如图1-446所示；在工具箱中将前景设置色为白色，选择

【椭圆工具】，并在选项栏中选择"像素"，在画面中绘制一个白色的圆形，效果如图1-447所示。

图1-446 【图层】面板　　图1-447 绘制一个白色圆形

STEP 17 在【图层】面板中双击"图层5"，弹出【图层样式】对话框，在其中选择【渐变叠加】选项，设置所需的参数，如图1-448所示，效果如图1-449所示。

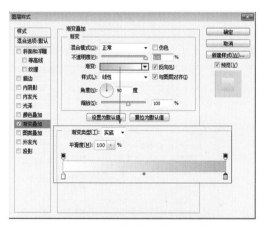

图1-448 【图层样式】对话框

图1-449 添加【渐变叠加】后的效果

说明
左边色标的颜色为#f5f5f5，右边色标的颜色为#bdbdbd。

STEP 18 在【图层样式】对话框中选择【描边】选项，将【大小】设置为1像素，【不透明度】设置为60%，【混合模式】设置为正片叠底，如图1-450所示，效果如图1-451所示。

图1-450 【图层样式】对话框

图1-451 添加【描边】后的效果

STEP 19 在【图层样式】对话框中选择【投影】选项，将【不透明度】设置为20%，【距离】设置为2像素，【大小】设置为0像素，如图1-452所示，设置好后单击【确定】按钮，效果如图1-453所示。

图1-452 【图层样式】对话框

图1-453 添加【投影】后的效果

STEP 20 在【图层】面板中新建一个图层为"图层 6",如图 1-454 所示;在工具箱中将前景色设置为 #10df21,用【椭圆工具】在画面中绘制一个圆形,效果如图 1-455 所示。

图1-454 【图层】面板　　图1-455 绘制一个圆形

STEP 21 在【图层】面板中双击"图层 6",弹出【图层样式】对话框,在其中选择【描边】选项,设置所需的参数,如图 1-456 所示,效果如图 1-457 所示。

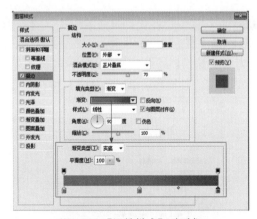

图1-456 【图层样式】对话框

图1-457 添加【描边】后的效果

说明
左边色标的颜色为 #089e08,中间色标的颜色为 #089a08,右边色标的颜色为 #106910。

STEP 22 在【图层样式】对话框中选择【斜面和浮雕】选项,设置所需的参数,如图 1-458 所示,效果如图 1-459 所示。

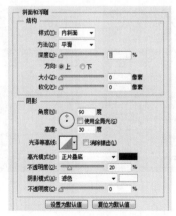

图1-458 【图层样式】对话框

图1-459 添加【斜面和浮雕】后的效果

STEP 23 在【图层样式】对话框中选择【内阴影】选项,设置所需的参数,如图 1-460 所示,效果如图 1-461 所示。

图1-460 【图层样式】对话框

图1-461 添加【内阴影】后的效果

STEP 24 在【图层样式】对话框中选择【投影】

选项，将【混合模式】设置为滤色，【不透明度】设置为40%，【距离】设置为1像素，扩展设置为100%，【大小】为设置1像素，如图1-462所示，设置好后单击【确定】按钮，效果如图1-463所示。

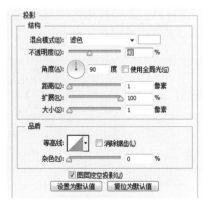

图1-462 【图层样式】对话框

图1-463 添加【投影】后的效果

STEP 25 按住【Ctrl】键在【图层】面板中单击"图层5"与"图层6"，以同时选择它们，如图1-464所示，按【Ctrl + G】键将它们编成一组，如图1-465所示。

图1-464 【图层】面板　　图1-465 【图层】面板

STEP 26 按【Ctrl + J】键复制一个副本组，如图1-466所示，用移动工具并按住【Shift】键将其向下拖动到适当位置，如图1-467所示。

图1-466 【图层】面板　　图1-467 移动并复制对象

STEP 27 在【图层】面板中展开"组1副本"，激活"图层6"，并展开效果栏，如图1-468所示，然后将效果栏直接拖动到【删除图层】按钮🗑上，以将其删除，如图1-469所示。

图1-468 【图层】面板　　图1-469 【图层】面板

STEP 28 在【图层】面板中双击"图层6"，弹出【图层样式】对话框，在其中选择【描边】选项，设置所需的参数，如图1-470所示，效果如图1-471所示。

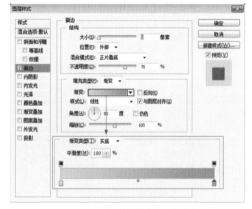

图1-470 【图层样式】对话框

图1-471　添加【描边】后的效果

图1-475　添加【斜面和浮雕】后的效果

说明
左边色标的颜色为#cfcfcf，右边色标的颜色为#919090。

STEP 29 在【图层样式】对话框中选择【颜色叠加】选项，将【颜色】设置为#bfbfbf，如图1-472所示，效果如图1-473所示。

图1-472　【图层样式】对话框

图1-473　添加【颜色叠加】后的效果

STEP 30 在【图层样式】对话框中选择【斜面和浮雕】选项，设置所需的参数，如图1-474所示，效果如图1-475所示。

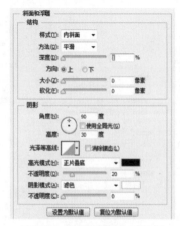

图1-474　【图层样式】对话框

STEP 31 在【图层样式】对话框中选择【投影】选项，将【混合模式】设置为滤色，【不透明度】设置为40%，【距离】设置为1像素，【扩展】设置为100%，【大小】设置为1像素，如图1-476所示，设置好后单击【确定】按钮，效果如图1-477所示。

图1-476　【图层样式】对话框

图1-477　添加【投影】后的效果

STEP 32 按【Ctrl＋J】键复制一个副本组，将其向下拖动到适当位置，如图1-478所示；用同样的方法再复制多个副本，并向下，效果如图1-479所示。

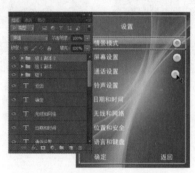

图1-478　复制并移动对象

图1-479　复制并移动对象

STEP **33**　按住【Shift】键在【图层】面板中单击
"组1"，以同时选择"组1"与其副本，如图
1-480所示；在工具箱中选择【移动工具】，在
选项栏中单击▣与▣按钮，将选择的图层进行
对齐与分布，效果如图1-481所示。

图1-480　【图层】面板

图1-481　对齐与分布后
的效果

STEP **34**　按住【Shift】键单击最底层的图层，以
同时选择除背景层外的所有图层，如图1-482所
示，按【Ctrl + G】键将它们编成一组，如图
1-483所示。

图1-482　【图层】面板

图1-483　【图层】面板

STEP **35**　打开"案例4"中制作好的手机常用
按钮界面文件，如图1-484所示，再激活刚制
作的文件，将"组2"拖动到手机常用按钮界
面中，并摆放到所需的位置，效果如图1-485
所示。

图1-484　打开的文件

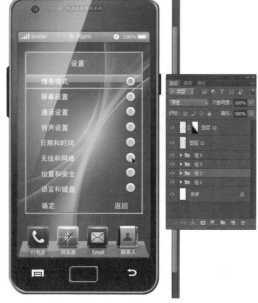

图1-485　移动并复制对象

实例10 手机网络查询界面

实例效果图

组合后的网络查询界面

STEP 01 从配套光盘的素材库中打开背景图片素材，如图 1-486 所示。

图1-486 打开的图片

STEP 02 显示【图层】面板，在其中单击【创建新图层】按钮，新建一个图层为图层 2，并将"图层 2"拖到"图层 1"的下面，如图 1-487 所示；将前景色设置为白色，按【Alt + Del】键填充前景色，如图 1-488 所示。

图1-487 【图层】面板

图1-488 填充前景色后的效果

STEP 03 在【图层】面板中单击【创建新图层】按钮，新建一个图层为"图层 3"，如图 1-489 所示；将前景色设置为 #3688d4，在工具箱中选择【矩形工具】，并在选项栏中选择"像素"，在画面中绘制一个矩形，如图 1-490 所示。

图1-489 【图层】面板

图1-490 绘制一个矩形

STEP 04 在【图层】面板中双击"图层 3"，弹出【图层样式】对话框，在其中选择【渐变叠加】选项，设置所需的参数，如图 1-491 所示，效果如图 1-492 所示。

> **说明**
> 左边色标的颜色为 #307bc5，右边色标的颜色为 #60aff3。

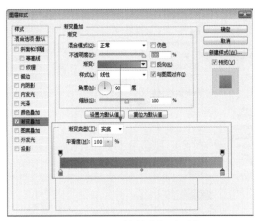

图1-491 【图层样式】对话框

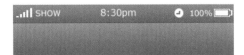

图1-492 添加【渐变叠加】后的效果

STEP 05 在【图层样式】对话框中选择【投影】选项，将【不透明度】设置为85%，【距离】设置为2像素，【大小】设置为0像素，【颜色】设置为#024b96，如图1-493所示，设置好后单击【确定】按钮，效果如图1-494所示。

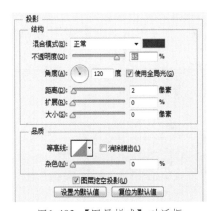

图1-493 【图层样式】对话框

图1-494 添加【投影】后的效果

STEP 06 在【图层】面板中单击【创建新图层】按钮，新建一个图层为"图层4"，如图1-495所示；在工具箱中选择【矩形选框工具】，在画面中绘制一个矩形选框，如图1-496所示。

图1-495 【图层】面板 图1-496 绘制一个矩形选框

STEP 07 在工具箱中选择【渐变工具】，在选项栏的渐变拾色器中选择"前景色到透明渐变"，如图1-497所示，然后在画面的选区中进行拖动，给选区进行渐变填充，效果如图1-498所示。

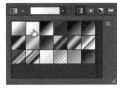 

图1-497 变拾色器 图1-498 为选区进行渐变填充

STEP 08 按【Ctrl＋D】键取消选择，在【图层】面板中将"图层4"的【不透明度】设置为30%，如图1-499所示，效果如图1-500所示。

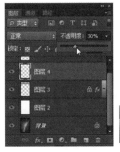 

图1-499 【图层】面板 图1-500 设置【不透明度】后
的效果

STEP 09 在【图层】面板中单击【创建新图层】按钮，新建一个图层为图层5，如图1-501所示；在工具箱中选择【圆角矩形工具】，在选项栏中选择"像素"，将【半径】设置为5像素，在画面中绘制一个圆角矩形，如图1-502所示。

图1-501 【图层】面板　图1-502　绘制一个圆角矩形

STEP 10 在【图层】面板中双击"图层5"，弹出【图层样式】对话框，在其中选择【渐变叠加】选项，设置所需的参数，如图1-503所示，效果如图1-504所示。

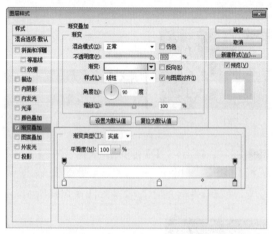

图1-503 【图层样式】对话框

图1-504　添加【渐变叠加】后的效果

说明
左边色标的颜色为#f5f5f5，中间色标的颜色为白色，右边色标的颜色为#d9d9d9。

STEP 11 在【图层样式】对话框中选择【描边】选项，设置所需的参数，如图1-505所示，效果如图1-506所示。

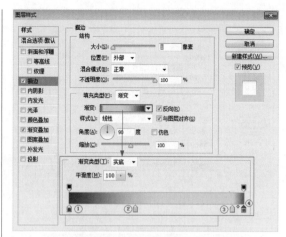

图1-505 【图层样式】对话框

图1-506　添加【描边】后的效果

说明
色标1的颜色为#424242，色标2、色标3的颜色为#c6c7c6，色标4的颜色为#666666。

STEP 12 在【图层样式】对话框中选择【内阴影】选项，将【不透明度】设置为15%，【距离】设置为1像素，【大小】设置为8像素，如图1-507所示，设置好后单击【确定】按钮，效果如图1-508所示。

图1-507 【图层样式】对话框

图1-508　添加【内阴影】后的效果

STEP 13 在【图层】面板中单击【创建新图层】按钮，新建一个图层为"图层6"；用【圆角矩形工具】在画面中绘制一个圆角矩形，如图1-509所示。

图1-509 绘制一个圆角矩形

STEP 14 在【图层】面板中双击"图层6"，弹出【图层样式】对话框，在其中选择【渐变叠加】选项，设置所需的参数，如图1-510所示，效果如图1-511所示。

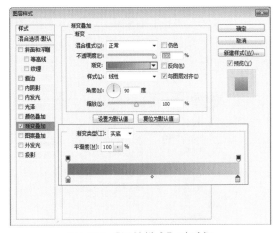

图1-510 【图层样式】对话框

图1-511 添加【渐变叠加】后的效果

说明

左边色标的颜色为#1771ca，右边色标的颜色为#85c3fa。

STEP 15 在【图层样式】对话框中选择【描边】选项，将【大小】设置为1像素，【不透明度】设置为61%，【混合模式】设置为正片叠底，【颜色】设置为#1b6ebc，如图1-512所示，效果如图1-513所示。

图1-512 【图层样式】对话框

图1-513 添加【描边】后的效果

STEP 16 在【图层样式】对话框中选择【内阴影】选项，将【距离】设置为3像素，【大小】设置为5像素，【不透明度】设置为19%，【混合模式】设置为正片叠底，【颜色】设置为#05498c，如图1-514所示，效果如图1-515所示。

图1-514 【图层样式】对话框

图1-515 添加【内阴影】后的效果

STEP 17 在【图层样式】对话框中选择【投影】选项，将【不透明度】设置为80%，【距离】设置为2像素，【大小】设置为5像素，如图1-516所示，设置好后单击【确定】按钮，效果如图1-517所示。

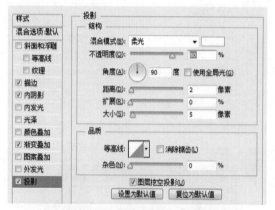

图1-516 【图层样式】对话框

图1-517 添加【投影】后的效果

STEP 18 从配套光盘的素材库中打开搜索放大镜图标，用素材【移动工具】将其拖动到画面中，将其摆放到所需的位置，如图1-518所示。

图1-518 打开图片并复制到适当位置

STEP 19 在【图层】面板中双击刚复制的图层，弹出【图层样式】对话框，在其中选择【外发光】选项，再设置所需的参数，如图1-519所示，设置好后单击【确定】按钮，效果如图1-520所示。

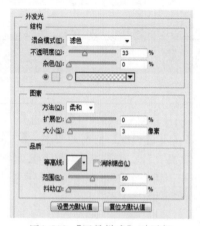

图1-519 【图层样式】对话框

图1-520 添加【外发光】后的效果

STEP 20 将前景色设置为#394abd，选择【横排文字工具】，在选项栏中将参数设置为

，在画面中单击并输入所需的文字，如图1-521所示。

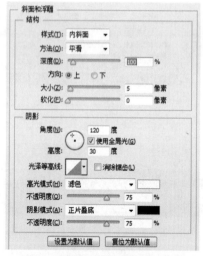

图1-521 输入文字

STEP 21 在【图层】面板中双击刚输入的文字图层，弹出【图层样式】对话框，在其中选择【斜面和浮雕】选项，设置所需的参数，如图1-522所示，效果如图1-523所示。

图1-522 【图层样式】对话框

图1-523 添加【斜面和浮雕】后的效果

STEP 22 在【图层样式】对话框中选择【外发光】选项，设置所需的参数，如图1-524所示，设置好后单击【确定】按钮，效果如图1-525所示。

图1-524 【图层样式】对话框

图1-525 添加【外发光】后的效果

STEP 23 按住【Shift】键在【图层】面板中单击"图层3",以选择如图1-526所示的图层,按【Ctrl + G】键将选择的图层编成一组,如图1-527所示。

图1-526 【图层】面板　图1-527 【图层】面板

STEP 24 将前景色设置为#dddfe0,在【图层】面板中激活"图层2",单击【创建新图层】按钮,新建一个图层,如图1-528所示,将前景色设置为#dddfe0,然后在画面中绘制一个矩形,如图1-529所示。

图1-528 【图层】面板　图1-529 绘制一个矩形

STEP 25 在【图层】面板中单击【创建新图层】按钮,新建一个图层,如图1-530所示,将前景色设置为白色,用【圆角矩形工具】在画面中绘制一个白色的圆角矩形,如图1-531所示。

图1-530 【图层】面板 图1-531 绘制一个圆角矩形

STEP 26 按【Ctrl + J】键复制一个副本,如图1-532所示,用【矩形选框工具】框选如图1-533所示的部分,按【Del】键将选区内容删除,按【Ctrl + D】取消选择。

图1-532 【图层】面板　图1-533 将选区内容删除

STEP 27 在【图层】面板中双击"图层9",如图1-534所示,弹出【图层样式】对话框,在其中选择【渐变叠加】选项,设置所需的参数,如图1-535所示,效果如图1-536所示。

图1-534 【图层】面板

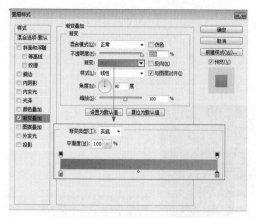

图1-535 【图层样式】对话框

图1-536 添加【渐变叠加】后的效果

说明
左边色标的颜色为#757579，右边色标的颜色为#9b9b9b。

STEP 28 在【图层样式】对话框中选择【描边】选项，将【大小】设置为1像素，【颜色】设置为#848486，如图1-537所示，设置好后单击【确定】按钮，效果如图1-538所示。

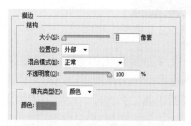

图1-537 【图层样式】对话框

图1-538 添加【描边】后的效果

STEP 29 在【图层】面板中双击"图层9副本"图层，弹出【图层样式】对话框，在其中选择【渐变叠加】选项，设置所需的参数，如图

1-539所示，设置好后单击【确定】按钮，效果如图1-540所示。

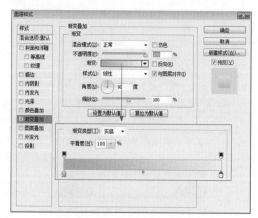

图1-539 【图层样式】对话框

图1-540 添加【渐变叠加】后的效果

说明
左边色标的颜色为#aeaeae，右边色标的颜色为#ededed。

STEP 30 在【图层】面板中新建一个图层为"图层10"，按住【Ctrl】键单击"图层9"的图层缩览图，如图1-541所示，使"图层9"的内容载入选区。

图1-541 【图层】面板

STEP 31 在工具箱中选择【渐变工具】，在选项栏的渐变拾色器中选择"前景色到透明渐变"，

如图 1-542 所示，在画面中选区中进行拖动，给选区进行渐变填充，效果如图 1-543 所示。

图1-542　渐变拾色器

图1-543　为选区进行渐变填充

STEP 32 按【Ctrl + D】键取消选择，在【图层】面板中将【不透明度】设置为 70%，如图 1-544 所示，效果如图 1-545 所示。

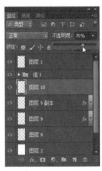

图1-544　【图层】面板

图1-545　降低不透明度后的效果

STEP 33 在【图层】面板中激活"组 1"，如图 1-546 所示，选择【横排文字工具】，并在选项栏中参数设置为 ，在画面中单击并输入所需的文字，如图 1-547 所示，在选项栏中单击 ✓ 按钮，确认文字输入。

图1-546　【图层】面板

图1-547　输入文字

STEP 34 用同样的方法再输入所需的文字，效果如图 1-548 所示。

图1-548　输入文字

STEP 35 在【图层】面板中双击要添加图层样式的图层，弹出【图层样式】对话框，并在其中选择【投影】选项，将【不透明度】设置为 75%，【距离】设置为 1 像素，【大小】设置为 1 像素，如图 1-549 所示，设置好后单击【确定】按钮，效果如图 1-550 所示。

图1-549　【图层样式】对话框

图1-550　添加【投影】后的效果

STEP 36 在【图层】面板中单击【创建新组】按钮，新建一个图层组，如图 1-551 所示，单击【创建新图层】按钮，在该组中新建一个图层，如图 1-552 所示。

图1-551【图层】面板

图1-552【图层】面板

STEP 37 将前景色设置为#c1eafc，用【矩形工具】在画面中绘制一个矩形，效果如图1-553所示。

图1-553　绘制一个矩形

STEP 38 在【图层】面板中双击"图层11"，弹出【图层样式】对话框，在其中选择【渐变叠加】选项，设置所需的参数，如图1-554所示，设置好后单击【确定】按钮，效果如图1-555所示。

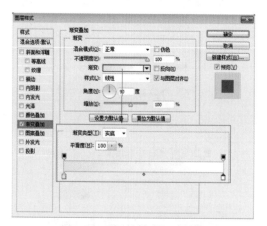

图1-554　【图层样式】对话框

图1-555　添加【渐变叠加】后的效果

> **说明**
> 左边色标的颜色为#c1eafc，右边色标的颜色为白色。

STEP 39 从配套光盘的素材库中打开素材图片，用【移动工具】将其拖动到画面中，再摆放到所需的位置，如图1-556所示。

图1-556　打开图片并复制到适当位置

STEP 40 用"步骤32"中的方法在画面中分别输入所需的文字，如图1-557所示。

图1-557　输入文字

STEP 41 在【图层】面板中单击【创建新图层】按钮，新建一个图层，如图1-558所示；将前景色设置为黑色，用【圆角矩形工具】在画面中适当位置绘制一个圆角矩形，如图1-559所示。

图1-558　【图层】面板

图1-559　绘制一个圆角矩形

STEP 42 在【图层】面板中双击"图层12"，弹出【图层样式】对话框，在其中选择【渐变叠加】选项，设置所需的参数，如图1-560所示，效果如图1-561所示。

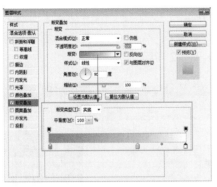

图1-560 【图层样式】对话框

图1-561 添加【渐变叠加】后的效果

> **说明**
> 左边色标的颜色为#f88417，中间色标的颜色为#ffcb54，右边色标的颜色为#fdf6e6。

STEP 43 在【图层样式】对话框中选择【描边】选项，将【大小】设置为1像素，【颜色】设置为#848486，如图1-562所示，设置好后单击【确定】按钮，效果如图1-563所示。

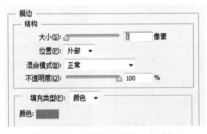

图1-562 【图层样式】对话框

图1-563 添加【描边】后的效果

STEP 44 在工具箱中选择【横排文字工具】，并在选项栏中将参数设置为 ，在画面中输入所需的文字，效果如图1-564所示。

图1-564 输入文字

STEP 45 在【图层】面板中单击【创建新图层】按钮，新建一个图层，如图1-565所示；将前景色设置为#62707e，选择【自定形状工具】，在选项栏中选择"像素" ，再在【形状】面板中选择所需的形状，如图1-566所示，在画面中适当位置绘制出该形状，如图1-567所示。

 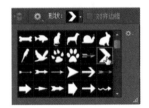

图1-565 【图层】面板　　　图1-566 【形状】面板

图1-567 绘制形状

STEP 46 在【图层】面板中选择"组2"，按【Ctrl + J】键复制一个副本，如图1-568所示；在画面中将副本向下拖动到适当位置，如图1-569所示。

图1-568 【图层】面板

图1-569 移动并复制对象

STEP 47 从配套光盘的素材库中打开素材图片，用移动工具将其拖动到画面中来，再摆放到所需的位置，效果如图 1-570 所示；用【横排文字工具】在画面中输入所需的文字，效果如图 1-571 所示。

图1-570 打开图片并复制到适当位置

图1-571 输入文字

STEP 48 用"步骤 32"的方法将其他素材图片也复制到画面中，并适当更改，摆放好后的效果如图 1-572 所示。

图1-572 复制与更改后的效果

STEP 49 在工具箱中选择【移动工具】，按住【Ctrl】键在【图层】面板中单击组 2 与它的副本，以同时选择它们，如图 1-573 所示；在选项栏中单击 和 按钮，将选择的内容进行对齐与分布，效果如图 1-574 所示。

图1-573 【图层】面板　　图1-574 对齐与分布后
的效果

STEP 50 按住【Shift】键在【图层】面板中选择除"背景"层与"图层 1"以外的所有图层，如图 1-575 所示，按【Ctrl + G】键将它们编成一组，结果如图 1-576 所示。

图1-575 【图层】面板　　图1-576 【图层】面板

STEP 51 打开"案例2"中制作好的手机模型文件，如图1-577所示，激活刚制作的文件，并将组3拖动到手机模型中，并摆放到所需的位置，效果如图1-578所示。

图1-578　移动并复制对象

图1-577　打开的文件

2

第 2 部分
游戏界面设计

游戏界面设计一般包括标题、开始和结束画面、菜单、面板、图标、鼠标等方面。美观、简洁、秩序感强并能很好地为游戏宗旨及内容服务的游戏界面设计被认为是合理化的，符合视觉规律。

因此，设计游戏界面需掌握一定设计构成基本原则，设计表达需直观，合理使用文字及图标等视觉元素。

实例11　游戏登录界面设计

实例效果图

组合后的登录界面效果图

操作步骤

STEP 01 按【Ctrl + N】键弹出【新建】对话框，将【宽度】设置为 530 像素，【高度】设置为 580 像素，【分辨率】设置为 72 像素/英寸，【颜色模式】设置为 RGB 颜色，【背景内容】设置为背景色，设置好后单击【确定】按钮，新建一个文档。

STEP 02 从配套光盘的素材库中打开两张素材图片，如图 2-1、图 2-2 所示；用【移动工具】将它们依次拖动到画面中，并摆放到所需的位置，如图 2-3 所示。

图2-1　打开的图片

图2-2　打开的图片

图2-3　复制图片后的效果

STEP 03 按【Ctrl + J】键复制一个副本，【图层】面板如图 2-4 所示，再在【编辑】菜单中执行【变换】→【水平翻转】命令，将其向右拖动到适当位置，如图 2-5 所示。

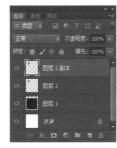

图2-4　复制图层

图2-5　复制并水平翻转后的效果

STEP 04 在工具箱中选择【圆角矩形工具】，在选项栏中将参数设置为 形状 ▾　填充：　描边：，半径：20 像素，其中【填充】设置为 #fbcb4d，在画面中绘制一个圆角矩形，如图 2-6 所示。

图2-6　绘制圆角矩形

STEP 05 在工具箱中选择【直接选择工具】，在画面中框选圆角矩形的下边路径，如图 2-7 所示，选择下边的锚点，如图2-8所示；按【Del】键将选择的锚点删除，如图2-9所示。

图2-7 框选路径　　　图2-8 选择锚点

图2-9 删除锚点后的效果

STEP 06 在【图层】菜单中执行【图层样式】→【斜面和浮雕】命令，弹出【图层样式】对话框，设置所需的参数，如图2-10所示，效果如图2-11所示。

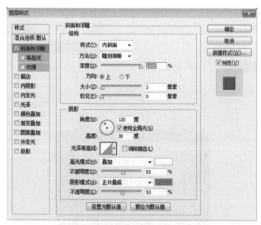

图2-10 【图层样式】对话框

图2-11 添加斜面与浮雕效果

STEP 07 在【图层样式】对话框左边栏中单击【内阴影】选项，将内阴影颜色设置为#84460b，其余参数设置如图2-12所示，设置好后单击【确定】按钮，效果如图2-13所示。

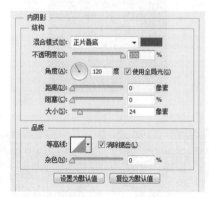

图2-12 【图层样式】对话框

图2-13 添加内阴影效果

STEP 08 从配套光盘的素材库中打开素材图片，如图2-14所示；再用【移动工具】将其拖动到画面中，并摆放到所需的位置，如图2-15所示。

图2-14 打开的图片

图2-15 复制后的效果

STEP 09 按住【Ctrl】键在【图层】面板中单击"圆角矩形 1"形状图层的图层缩览图，如图2-16 所示，以得到如图 2-17 所示的选区。

图2-16 【图层】面板　　图2-17 载入的选区

STEP 10 在【图层】面板中单击【添加图层蒙版】按钮，如图2-18 所示，由选区建立图层蒙版，效果如图2-19 所示。

图2-18 【图层】面板　图2-19 添加蒙版后的效果

STEP 11 在【图层】面板中将【不透明度】设置为 35%，【图层混合模式】设置为叠加，如图2-20 所示，效果如图 2-21 所示。

图2-20 　【图层】面板 图2-21 降低不透明度后的
　　　　　　　　　　　　　效果

STEP 12 按【Ctrl + J】键复制一个副本，【图层】面板如图 2-22 所示，在【编辑】菜单中执行【变换】→【水平翻转】命令，将其向右拖动到适当位置，如图 2-23 所示。

图2-22 【图层】面板　图2-23 复制并水平翻转后
　　　　　　　　　　　　　　的效果

STEP 13 在工具箱中选择【横排文字工具】 在选项栏中将参数设置为其中【文本颜色】设置为 #a63003，在画面中适当位置单击并输入所需的文字，如图 2-24 所示。

图2-24 输入文字

STEP 14 在【图层】菜单中执行【图层样式】→【内阴影】命令，弹出【图层样式】对话框，设置所需的参数，其中内阴影颜色设置为 #a73003，如图 2-25 所示，效果如图 2-26 所示。

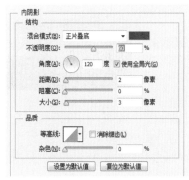

图2-25 【图层样式】对话框

图2-26 添加内阴影后的效果

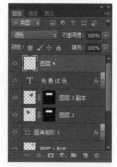

图2-31 【图层】面板

图2-32 改变混合模式
后的效果

STEP 15 在【图层样式】对话框左边栏中单击【描边】选项，设置所需的参数，其中【颜色】设置为#03661c，如图 2-27 所示，设置好后单击【确定】按钮，效果如图 2-28 所示。

STEP 18 在工具箱中选择【矩形工具】，在选项栏中参数设置为 ，在画面中绘制一个矩形，如图 2-33 所示。

图2-27 【图层样式】对话框

图2-33 绘制矩形

STEP 19 在【图层】菜单中执行【图层样式】→【渐变叠加】命令，弹出【图层样式】对话框，设置所需的参数，如图 2-34 所示，效果如图 2-35 所示。

图2-28 添加描边后的效果

STEP 16 从配套光盘的素材库中打开素材图片，如图 2-29 所示；用【移动工具】将其拖动到画面中，并摆放到所需的位置，如图 2-30 所示。

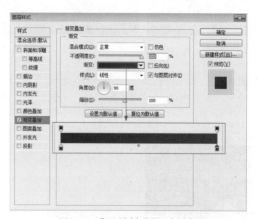

图2-34 【图层样式】对话框

图2-29 打开的图片 图2-30 复制图片后的效果

STEP 17 在【图层】面板中将"图层4"的【混合模式】改为"滤色"，如图 2-31 所示，效果如图 2-32 所示。

图2-35 添加渐变叠加效果

STEP 20 在【图层样式】对话框左边栏中单击【描边】选项，设置所需的参数，如图 2-36 所示，效果如图 2-37 所示。

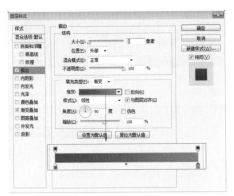

图2-36 【图层样式】对话框

图2-37 添加描边效果

说明
左边色标的颜色为 #702623，右边色标的颜色为 #b57153。

STEP 21 在【图层样式】对话框左边栏中单击【内阴影】选项，设置所需的参数，其中内阴影颜色设置为 #5d181，如图 2-38 所示，设置好后单击【确定】按钮，效果如图 2-39 所示。

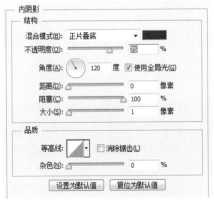

图2-38 【图层样式】对话框

图2-39 内阴影效果

STEP 22 从配套光盘的素材库中打开素材图片，如图 2-40 所示；用【移动工具】将其拖动到画面中，并摆放到所需的位置，如图 2-41 所示。

图2-40 打开的图片

图2-41 复制对象

STEP 23 按住【Ctrl】键在【图层】面板中单击"矩形 1"形状图层的图层缩览图，使"矩形 1"形状图层的内容载入选区，如图 2-42 所示。

图2-42 载入选区

STEP 24 在【图层】面板中单击【添加图层蒙版】按钮，由选区建立图层蒙版，效果如图 2-43 所示。

图2-43　由选区建立蒙版

STEP 25 在【图层】面板中将【不透明度】设置为45%，【混合模式】设置为叠加，效果如图2-44所示。

图2-44　改变混合模式与透明度后的效果

STEP 26 从配套光盘的素材库中打开素材图片，如图2-45所示；用【移动工具】将其拖动到画面中来，并摆放到所需的位置，如图2-46所示。

图2-45　打开的图片

图2-46　复制对象

STEP 27 将前景色设置为#e9c7a6，在工具箱中选择【横排文字工具】，在选项栏中将参数设置为 ，在画面中单击并输入所需的文字，如图2-47所示；输入好文字后在选项栏中单击 按钮，确认文字输入。

图2-47　输入文字

STEP 28 在工具箱中选择【矩形工具】，并在选项栏中将参数设置为 ，其中【描边】设置为#e9c7a6，在画面中绘制一个矩形，如图2-48所示。

图2-48　绘制矩形

STEP 29 在【图层】面板中将【填充】设置为0%，如图2-49所示，效果如图2-50所示。

图2-49　【图层】面板　图2-50　设置填充为0%的效果

STEP 30 按住【Shift】键在【图层】面板中单击"矩形1"形状图层，以同时选择"矩形2"与"矩形1"之间的所有图层，如图2-51所示，按【Ctrl + G】键将它们编成一组，如图2-52所示。

STEP 31 在工具箱中选择【移动工具】，按【Alt + Shift】键，将其向下拖动，以复制一个副本，如图2-53所示。用同样的方法再复制两个副本，效果如图2-54所示。

图2-51　选择图层　　　　图2-52　编组

图2-53　复制并移动对象

图2-54　复制并移动对象

STEP 32 在工具箱中选择【横排文字工具】，在选项栏中设置相应的参数，在画面中先选择要更改的文字，再输入所需的文字，如图2-55所示。

图2-55　更改文字后的效果

STEP 33 在【图层】面板中单击"组1副本3"

中的"矩形2"形状图层前面的眼睛图标，将其隐藏，如图2-56所示，效果如图2-57所示。

图2-56　【图层】面板　图2-57　关闭图层后的效果

STEP 34 用【横排文字工具】先选择要更改的文字，再输入所需的文字，在选项栏中设置参数为  ，效果如图2-58所示，在选项栏中单击✓按钮，确认文字更改。

图2-58　输入文字

STEP 35 用【横排文字工具】在画面的适当位置单击，显示光标，在选项栏中将参数设置为 ，再输入所需的文字，如图2-59所示。

图2-59　输入文字

STEP 36 在工具箱中选择【矩形工具】，在选项栏中参数设置为 ，在画面中绘制一个矩形，如图2-60所示。

图2-60 绘制矩形

STEP 37 在工具箱中选择【直线工具】 ，并在选项栏中参数设置为 、 ，其中【填充】设置为红色，在画面中绘制一条直线，如图2-61所示。

图2-61 绘制直线

STEP 38 在工具箱中选择【椭圆选框工具】 ，在选项栏中将【羽化】设置为30像素，在画面中绘制一个椭圆选框，如图2-62所示。

图2-62 绘制椭圆选框

STEP 39 在【图层】面板中单击【添加图层蒙版】按钮，如图2-63所示，由选区建立图层蒙版，效果如图2-64所示。

图2-63 【图层】面板　　图2-64 由选区建立蒙版后的效果

STEP 40 按住【Shift】键在【图层】面板中单击"图层1"，以同时选择除"背景"层外的所有图层，如图2-65所示，按【Ctrl + G】键将它们编成一组，如图2-66所示。

图2-65 选择图层　　图2-66 编组

STEP 41 从配套光盘的素材库中打开素材图片，如图2-67所示；用【移动工具】将刚制作好的登录界面拖动到素材图片中，并摆放到所需的位置，如图2-68所示。

图2-67 打开的图片

图2-68　最终效果图

实例12　游戏巡游界面透明按钮设计

实例效果图　　　　游戏巡游界面

操作步骤

STEP 01 按【Ctrl + N】键弹出【新建】对话框，将【宽度】设置为300像素，【高度】设置为300像素，【颜色模式】设置为RGB颜色，【分辨率】设置为72像素/英寸，【背景内容】设置为白色，设置好后单击【确定】按钮，新建一个文档。

STEP 02 在【图层】面板中单击【创建新图层】按钮，新建图层1，如图2-69所示。

图2-69　创建新图层

STEP 03 在工具箱中将前景色设置为R150、G0、B255，背景色设置为白色，再选择【圆角矩形工具】，在选项栏中选择像素，将【半径】设置为40像素，在画面中绘制出一个适当大小的圆角矩形，如图2-70所示。

图2-70　绘制圆角矩形

STEP 04 按【Ctrl + J】键复制"图层1"为"图层1副本"，如图2-71所示；单击"图层1"左边的眼睛图标以隐藏"图层1"，如图2-72所示。

图2-71　【图层】面板　　图2-72　【图层】面板

STEP 05 按住【Ctrl】键在【图层】面板中单击"图层1副本"的图层缩览图，如图2-73所示，使"图层1副本"的内容载入选区，如图2-74所示。

图2-73　【图层】面板　　图2-74　载入选区后的画面

STEP 06 在菜单中执行【选择】→【羽化】命令，并在弹出的对话框中将【羽化半径】设置为20像素，如图2-75所示，单击【确定】按钮，得到如图2-76所示的选区。

图2-75 【羽化选区】对话框

图2-76 羽化后的选区

STEP 07 在【图层】面板中单击【添加图层蒙版】按钮 ▣，为"图层1副本"添加图层蒙版，如图2-77所示，效果如图2-78所示。

图2-77 【图层】面板　　图2-78 添加图层蒙版后的效果

STEP 08 按【Ctrl + I】键进行反相，反相只针对"图层1副本"中的蒙版内容，其【图层】面板如图2-79所示，效果如图2-80所示。

图2-79 【图层】面板 　　图2-80 反相后的效果

STEP 09 在【图层】面板中单击"图层1"，如图2-81所示；按【Ctrl + J】键，复制"图层1"得到"图层1副本2"，单击该图层左边的方框以显示该图层，如图2-82所示。

STEP 10 在菜单中执行【滤镜】→【模糊】→【高斯模糊】命令，并在弹出的对话框中将【半径】设置为15像素，如图2-83所示，单击【确定】按钮，效果如图2-84所示。

图2-81 【图层】面板　　图2-82 【图层】面板

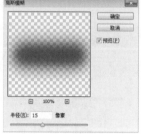

图2-83 【高斯模糊】对话框 　　图2-84 执行【高斯模糊】命令后的效果

STEP 11 在工具箱中选择【移动工具】 ▸┿，按住【Shift】键同时按键盘上方向键中的向下键一次，得到如图2-85所示的效果；在工具箱中选择【椭圆选框工具】，在画面中框选出一个如图2-86所示的椭圆选区。

图2-85 移动图像

图2-86 绘制椭圆选区

STEP 12 按【Delete】键删除选区内容，再按【Ctrl + D】键取消选择，效果如图2-87所示。

图2-87 删除选区内容并取消选择后的效果

STEP 13 在【图层】面板中将"图层1副本2"的【混合模式】设置为线性加深,【不透明度】设置为50%,如图2-88所示,效果如图2-89所示。

图2-88 【图层】面板

图2-89 设置混合模式与不透明度后的效果

STEP 14 在【图层】面板中单击【添加图层蒙版】按钮,给图层1副本2添加图层蒙版,如图2-90所示;在工具箱中选择【画笔工具】,并在选项栏中将【画笔】设置为柔角35像素,【不透明度】设置为50%,【模式】设置为正常,用画笔在画面上按钮的两边进行涂抹,效果如图2-91所示。

图2-90 【图层】面板

图2-91 隐藏不需要的部分后的效果

STEP 15 按【Ctrl + J】键复制"图层1副本2"得到"图层1副本3",并将"图层1副本3"的【不透明度】设置为25%,如图2-92所示,效果如图2-93所示。

图2-92 【图层】面板

图2-93 设置不透明度后的效果

STEP 16 在【图层】面板中单击"图层1",单击"图层1"左边的眼睛图标以显示图层,如图2-94所示,效果如图2-95所示。

图2-94 【图层】面板

图2-95 显示图层1后的效果

STEP 17 在菜单中执行【滤镜】→【模糊】→

【高斯模糊】命令，在弹出的对话框中将【半径】设置为 8 像素，如图 2-96 所示，单击【确定】按钮，效果如图 2-97 所示。

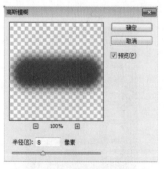

图2-96 【高斯模糊】对话框

图2-97 执行【高斯模糊】命令后的效果

STEP 18 在工具箱中选择【移动工具】 ，将该图层的内容向下拖动到适当的位置，效果如图 2-98 所示。

图2-98 移动图像后的效果

STEP 19 在【图层】面板中将"图层 1"的【混合模式】设置为正片叠底，【不透明度】设置为 25%，如图 2-99 所示，效果如图 2-100 所示。

图2-99 【图层】面板

图2-100 设置混合模式与不透明度后的效果

STEP 20 在【图层】面板中单击"图层 1 副本"，再按住【Ctrl】键单击该图层的图层缩览图，如图 2-101 所示，以使该图层载入选区，如图 2-102 所示。

图2-101 【图层】面板

图2-102 载入选区后的画面

STEP 21 在【图层】面板中新建"图层 2"，如图 2-103 所示；按【Alt + Delete】键填充前景色，按【Ctrl + D】键取消选择，效果如图 2-104 所示。

图2-103 【图层】面板

图2-104 填充前景色后的效果

STEP 22 在【图层】面板中将"图层2"的【混合模式】设置为滤色，如图2-105所示，效果如图2-106所示。

图2-105 【图层】面板

图2-106 设定【混合模式】为滤色后的效果

STEP 23 在【图层】面板中双击"图层2"，弹出【图层样式】对话框，并在其左边栏单击【内发光】选项，在右边栏中将发光颜色设置为白色，其他参数设置如图2-107所示，单击【确定】按钮，得到如图2-108所示的效果。

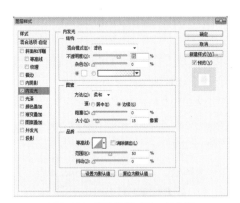

图2-107 【图层样式】对话框

图2-108 设置内发光后的效果

STEP 24 按【Ctrl + J】键复制图层2得到"图层2副本"，在【图层】面板中单击【锁定透明像

素】按钮 ，将【混合模式】设置为正片叠底，如图2-109所示，效果如图2-110所示；然后按【Ctrl + Delete】键填充背景色（即白色），效果如图2-111所示。

图2-109 【图层】面板

图2-110 设置图层选项 图2-111 填充背景色后的
后的效果 效果

STEP 25 在【图层】面板中双击"图层2副本"，弹出【图层样式】对话框，在其左边栏单击【内发光】选项，在右边栏中将发光颜色设置为R143、G87、B182，其他参数设置如图2-112所示，设置好后单击【确定】按钮，效果如图2-113所示。

图2-112 设置内发光

图2-113 设置内发光后的效果

STEP 26 按住【Ctrl】键在【图层】面板中单击"图层 2 副本"的图层缩览图，如图 2-114 所示，使该图层载入选区，如图 2-115 所示。

图2-114 【图层】面板

图2-115 载入选区后的画面

STEP 27 在菜单中执行【选择】→【修改】→【收缩】命令，在弹出的对话框中将【收缩量】设置为 5 像素，如图 2-116 所示，设置好后单击【确定】按钮，得到如图 2-117 所示的选区。

图2-116 【收缩选区】对话框

图2-117 收缩后的选区

STEP 28 在【图层】面板中新建"图层 3"，如图 2-118 所示；按【Ctrl + Delete】键填充背景色，按【Ctrl + D】键取消选择，如图 2-119 所示。

STEP 29 在【图层】面板中单击【添加图层蒙版】按钮，给"图层 3"添加图层蒙版，如图 2-120 所示。

图2-118 【图层】面板

图2-119 填充背景色并取消选择后的效果

图2-120 添加图层蒙版

STEP 30 在工具箱中选择【渐变工具】，并在选项栏中单击【可编辑渐变】按钮，弹出【渐变编辑器】对话框，在其中的渐变条中进行渐变编辑，如图 2-121 所示，编辑好后单击【确定】按钮。

图2-121 【渐变编辑器】对话框

说明

左边色标的颜色为黑色，中间色标的颜色为黑色，右边色标的颜色为白色。

STEP 31 移动指针到图像上方适当位置，按住左键向下拖动到适当的位置，如图 2-122 所示，松开左键得到如图 2-123 所示的渐变效果。

图2-122 拖动时的状态　　图2-123 松开左键后的
　　　　　　　　　　　　　　　　　渐变效果

STEP 32 在工具箱中选择【横排文字工具】，在选项栏中将参数设置为 ，【文本颜色】设置为 #feac00，在按钮上单击并输入"知道了"文字，效果如图 2-124 所示。

图2-124 输入文字

STEP 33 在【图层】面板中双击文字图层，弹出【图层样式】对话框，在其左边栏中单击【描边】选项，设置所需的参数，【颜色】设置为 #660000，如图 2-125 所示，效果如图 2-126 所示。

图2-125【图层样式】对话框　图2-126 应用图层
　　　　　　　　　　　　　　　　　　样式后的效果

STEP 34 在【图层样式】对话框的左边栏中单击【投影】选项，在右边栏中进行参数设置，具体参数如图 2-127 所示，设置好后单击【确定】按钮，效果如图 2-128 所示。

图2-127 【图层样式】对话框

图2-128 添加投影后的效果

STEP 35 按住【Shift】键在【图层】面板单击"图层 1"，以同时选择除背景层外的所有图层，如图 2-129 所示，按【Ctrl＋G】键将它们编成一组，如图 2-130 所示，更改组名，如图 2-131 所示。

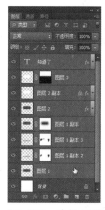

图2-129 选择图层　　　　图2-130 编组

图2-131 改组名

实例13　游戏巡游界面主题特效字设计

实例效果图

STEP 01　从配套光盘的素材库中打开素材图片，如图 2-132 所示，用作游戏界面中主题文字的背景。

图2-132　打开的图片

STEP 02　在工具箱中将前景色设置为#ee3c1f，选择【横排文字工具】，在选项栏中将参数设置为，在画面中单击并输入所需的文字，如图 2-133 所示。

图2-133　输入文字

STEP 03　在选项栏中单击【变形文字】按钮，弹出对话框，设置所需的参数，如图 2-134 所示，设置好后单击【确定】按钮，效果如图 2-135 所示。

图2-134　【变形文字】对话框

图2-135　变形后的效果

STEP 04　按住【Ctrl】键在【图层】面板中单击文字图层的图层缩览图，如图 2-136 所示，将文字载入选区，如图 2-137 所示。

图2-136　【图层】面板

图2-137　载入的选区

STEP 05　在【选择】菜单中执行【修改】→【扩展】命令，弹出【扩展选区】对话框，将【扩展量】设置为 8 像素，如图 2-138 所示，设置好后单击【确定】按钮，效果如图 2-139 所示。

图2-138　【扩展选区】对话框

图2-139 扩展的选区

STEP 06 在【图层】面板中激活"背景"层,单击【创建新图层】按钮,新建一个图层,如图2-140 所示,将前景色设置为白色,然后按【Alt + Del】键填充白色,按【Ctrl + D】键取消选择,效果如图 2-141 所示。

图2-140 【图层】面板

图2-141 填充白色后的效果

STEP 07 在【图层】菜单中执行【图层样式】→【渐变叠加】命令,弹出【图层样式】对话框,设置所需的参数,如图 2-142 所示,效果如图2-143 所示。

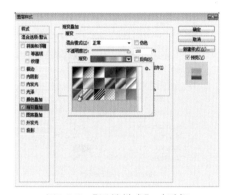

图2-142 【图层样式】对话框

图2-143 添加渐变叠加效果

STEP 08 在【图层样式】对话框左边栏中单击【斜面和浮雕】选项,设置所需的参数,如图2-144 所示,效果如图 2-145 所示。

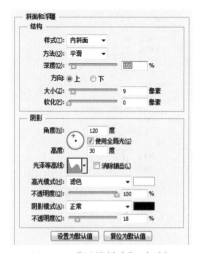

图2-144 【图层样式】对话框

图2-145 添加斜面和浮雕效果

STEP 09 在【图层样式】对话框左边栏中单击【描边】选项,设置所需的参数,如图 2-146 所示,效果如图2-147 所示。

图2-146 【图层样式】对话框

图2-147 描边后的效果

图2-151 添加外发光后的效果

STEP 10 在【图层样式】对话框左边栏中单击【内发光】选项，设置所需的参数，如图 2-148 所示，效果如图 2-149 所示。

STEP 12 在【图层】面板中双击文字图层，弹出【图层样式】对话框，并在左边栏中单击【描边】选项，设置所需的参数，如图 2-152 所示，效果如图 2-153 所示。

图2-148 【图层样式】对话框

图2-152 【图层样式】对话框

图2-149 添加内发光后的效果

图2-153 添加描边后的效果

STEP 11 在【图层样式】对话框左边栏中单击【外发光】选项，设置所需的参数，如图 2-150 所示，设置好后单击【确定】按钮，效果如图 2-151 所示。

STEP 13 在【图层样式】对话框左边栏中单击【斜面和浮雕】选项，设置所需的参数，如图 2-154 所示，效果如图 2-155 所示。

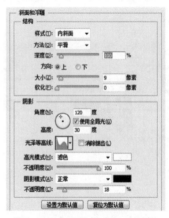

图2-150 【图层样式】对话框

图2-154 【图层样式】对话框

图2-155　添加斜面和浮雕效果

STEP 14 在【图层样式】对话框左边栏中单击
【内发光】选项，设置所需的参数，如图2-156
所示，效果如图 2-157 所示。

图2-156　【图层样式】对话框

图2-157　添加内发光效果

STEP 15 在【图层样式】对话框左边栏中单击
【投影】选项，设置所需的参数，如图 2-158 所
示，效果如图 2-159 所示。

图2-158　【图层样式】对话框

图2-159　添加投影效果

STEP 16 在【图层样式】对话框左边栏中单击
【外发光】选项，设置所需的参数，如图 2-160
所示，设置好后单击【确定】按钮，效果如图
2-161 所示。

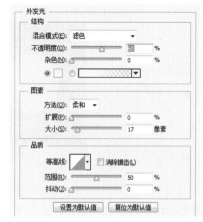

图2-160　【图层样式】对话框

图2-161　添加外发光效果

实例14　游戏巡游界面项目按钮设计

实例效果图

STEP 01 按【Ctrl＋N】键弹出【新建】对话框，

将【宽度】设置为 300 像素，【高度】设置为 300 像素，【分辨率】设置为 96 像素 / 英寸，【颜色模式】设置为 RGB 颜色，【背景内容】设置为 #065536，设置好后单击【确定】按钮，新建一个文档。

STEP 02 在工具箱中选择【椭圆工具】，在选项栏中将参数设置为 ，在画面中间位置单击，弹出【创建椭圆】对话框，将【宽度】与【高度】均设置为 145 像素，如图 2-162 所示，单击【确定】按钮，创建了圆形，如图 2-163 所示。

图2-162 【创建椭圆】对话框 图2-163　绘制好的圆形

STEP 03 按【Ctrl + J】键复制一个副本，如图 2-164 所示。按【Ctrl + T】键执行【自由变换】命令，在选项栏将"w"与"H"均设置为 120% ，将圆形放大，如图 2-165 所示，调整好后在变换框中双击确认变换。在选项栏中将【填充】设置为 #41bdf4，改变圆形的颜色，效果如图 2-166 所示。

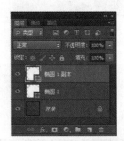

图2-164 【图层】面板　　图2-165　变换调整

图2-166　改变颜色后的效果

STEP 04 在【图层】面板中右击"椭圆 1 副本"形状图层，在弹出的快捷菜单中执行【栅格化图层】命令，如图 2-167 所示，将形状图层转换为普通图层，如图 2-168 所示。

图2-167　选择【栅格化　　图2-168 【图层】面板
图层】命令

STEP 05 按住【Ctrl】键在【图层】面板中单击"椭圆 1"形状图层的图层缩览图，如图 2-169 所示的使其载入选区，如图 2-170 所示，按【Del】键将选区内容删除，按【Ctrl + D】键取消选择，效果如图 2-171 所示。

图2-169 【图层】面板

图2-170　载入的选区

图2-171　删除后的效果

STEP 06 在【图层】面板中双击"椭圆 1"形状图层,弹出【图层样式】对话框,在其中选择【描边】选项,设置所需的参数,渐变颜色为 #41bdf4 到透明渐变,如图 2-172 所示,设置好后单击【确定】按钮,效果如图 2-173 所示。

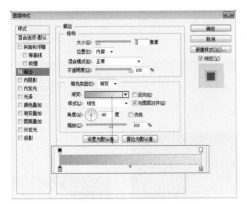

图2-172 【图层样式】对话框

图2-173 添加描边后的效果

STEP 07 在【图层】面板中双击"椭圆 1 副本"形状图层,弹出【图层样式】对话框,在其中选择【内发光】选项,设置所需的参数,如图 2-174 所示,效果如图 2-175 所示。

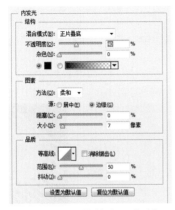

图2-174 【图层样式】对话框

图2-175 添加内发光效果

STEP 08 在【图层样式】对话框中选择【描边】选项,设置所需的参数,如图 2-176 所示,设置好后单击【确定】按钮,效果如图 2-177 所示。

图2-176 【图层样式】对话框

图2-177 添加描边效果

STEP 09 在【路径】面板中单击【创建新路径】按钮,新建一个路径,如图 2-178 所示。在工具箱中选择钢笔工具,并在选项栏中选择路径  ,在画面中绘制一条直线段,如图 2-179 所示。

图2-178 【路径】面板　　图2-179 绘制路径

STEP 10 在工具箱中选择【路径选择工具】 ，按住【Alt】键将直线路径向左上方拖动，以复制一个副本，如图 2-180 所示。用同样的方法拖动多次，以复制多个副本，效果如图 2-181 所示。

图2-180 选择并复制路径　　图2-181 复制并移动路径

STEP 11 在【图层】面板中单击【创建新图层】按钮，新建一个图层，如图 2-182 所示，在工具箱中选择【画笔工具】，在选项栏中设置所需的参数，如图 2-183 所示。

图2-182 创建新图层

图2-183 选择画笔并设置画笔大小

STEP 12 在【路径】面板中单击【用画笔描边路径】按钮，如图 2-184 所示，给路径描边，在面板的空当处单击以隐藏路径，效果如图 2-185 所示。

图2-184 【路径】面板　　图2-185 用画笔描边后的效果

STEP 13 按住【Ctrl】键在【图层】面板中单击"椭圆 1 副本"图层，如图 2-186 所示，使其载入选区，从而得到如图 2-187 所示的选区。

图2-186 【图层】面板　　图2-187 载入的选区

STEP 14 在【选择】菜单中执行【修改】→【收缩选区】命令，弹出【收缩选区】对话框，将【收缩量】设置为 3 像素，如图 2-188 所示，设置好后单击【确定】按钮，选区缩小。按【Shift + F6】键执行【羽化】命令，弹出【羽化选区】对话框，在其将【羽化半径】设置为 3 像素，如图 2-189 所示，单击【确定】按钮，如图 2-190 所示。

图2-188 【收缩选区】对话框

图2-189 【羽化选区】对话框　图2-190 修改后的选区

STEP 15 在【图层】面板中单击【添加图层蒙版】按钮，如图 2-191 所示，由选区建立图层蒙版，效果如图 2-192 所示。

图2-191 添加图层蒙版   图2-192 添加蒙版后的效果

STEP 16 按住【Ctrl】键在【图层】面板中单击"椭圆 1 副本"图层，使其载入选区，按【Ctrl + Shift + I】键反选，保持前景色为黑色，按【Alt + Del】键填充黑色，使一些不需要的内容隐藏，如图 2-193 所示。按【Ctrl + D】键取消选择，效果如图 2-194 所示。

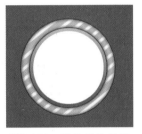

图2-193 反选选区   图2-194 删除后的效果

STEP 17 在工具箱中选择【圆角矩形工具】，并在选项栏中将参数设置为 □ ▾ 形状 ▾ 填充：■ 描边：▱▾ 、半径：10像素 ，然后在画面中绘制一个圆角矩形，如图 2-195 所示。

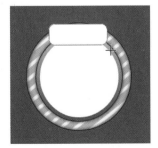

图2-195 绘制圆角矩形

STEP 18 在【图层】菜单中执行【图层样式】→【描边】命令，弹出【图层样式】对话框，设置所需的参数，将【颜色】设置为 #3fb9ee，如图 2-196 所示，效果如图 2-197 所示。

图2-196 【图层样式】对话框

图2-197 添加描边后的效果

STEP 19 在【图层样式】对话框中选择【投影】选项，设置所需的参数，如图 2-198 所示，设置好后单击【确定】按钮，效果如图 2-199 所示。

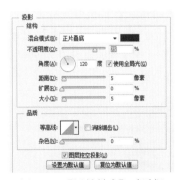

图2-198 【图层样式】对话框

图2-199 添加投影后的效果

STEP **20** 从配套光盘的素材库中打开素材图片，如图 2-200 所示，用【移动工具】将其拖动到画面中，并摆放到所需的位置，如图 2-201 所示。

图2-200　打开的图片　　　图2-201　复制后的效果

STEP **21** 在工具箱中选择【横排文字工具】，在选项栏中将参数设置为 ，在画面中输入所需的文字，如图 2-202 所示。

图2-202　输入文字

STEP **22** 在【图层】菜单中执行【图层样式】→【描边】命令，弹出【图层样式】对话框，设置所需的参数，将【颜色】设置为 #660000，如图 2-203 所示，效果如图 2-204 所示。

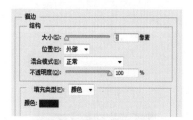

图2-203　【图层样式】对话框

图2-204　添加描边效果

STEP **23** 在【图层样式】对话框中选择【颜色叠加】选项，设置所需的参数，将颜色设置为白色，如图 2-205 所示，设置好后单击【确定】按钮，效果如图 2-206 所示。

图2-205　【图层样式】对话框

图2-206　改变颜色后的效果

STEP **24** 在画面中适当位置单击，显示光标后在选项栏中将参数设置为 ，将【文本颜色】设置为 #feac00，然后输入所需的文字，如图 2-207 所示。

图2-207　输入文字

STEP **25** 在【图层】菜单中执行【图层样式】→【描边】命令，弹出【图层样式】对话框，设置所需的参数，如图 2-208 所示，效果如图 2-209 所示。

图2-208　【图层样式】对话框

图2-209　添加描边效果

STEP 26 在【图层样式】对话框中选择【投影】
选项，设置所需的参数，如图 2-210 所示，设置
好后单击【确定】按钮，效果如图 2-211 所示。

图2-210　【图层样式】对话框

图2-211　添加投影

STEP 27 在【图层】面板中选择"商业街"文字
图层，按【Shift】键单击"椭圆 1"形状图层，
以同时选择除背景层外的所有图层，如图 2-212
所示，按【Ctrl + G】键将它们编成一组，结果
如图 2-213 所示，然后更改组名，如图 2-214
所示。

STEP 28 按【Ctrl + J】键复制组，分别用【横排
文字工具】对文字进行更改，打开所需素材图
片，以对图片进行更改，最终效果如图 2-215
所示。

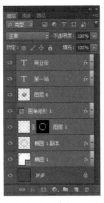

图2-212　选择图层

图2-213　编组

图2-214　改组名

图2-215　最终效果图

实例15　游戏巡游界面底盘设计

实例效果图

操作步骤

STEP 01 按【Ctrl + N】键弹出【新建】对话框，将【宽度】设置为 700 像素，【高度】设置为 700 像素，【分辨率】设置为 96 像素/英寸，【颜色模式】设置为 RGB 颜色，【背景内容】设置为白色，设置好后单击【确定】按钮，新建一个文档。

STEP 02 从标尺栏中拖动两条参考线，并使其相交于画面的中心，如图 2-216 所示。

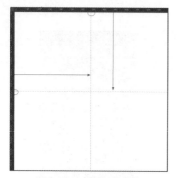

图2-216 创建参考线

STEP 03 在工具箱中选择【椭圆工具】，在选项栏中将参数设置为 ，在几何选项面板中选择"从中心"，如图 2-217 所示，在参考线的交点上单击，弹出【创建椭圆】对话框，将【宽度】与【高度】设置为 600 像素，如图 2-218 所示，单击【确定】按钮，即可得到一个固定大小的圆形，如图 2-219 所示。

图2-217 几何选项面板

图2-218【创建椭圆】对话框 图2-219 创建好的椭圆

STEP 04 在【图层】菜单中执行【图层样式】→【渐变叠加】命令，弹出【图层样式】对话框，设置所需的参数，如图 2-220 所示，效果如图 2-221 所示。

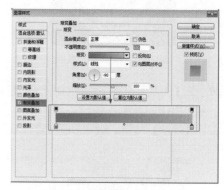

图2-220【图层样式】对话框

图2-221 添加渐变叠加效果

> **说明**
> 左边色标的颜色为 #ff6010，右边色标的颜色为 #f4c20f。

STEP 05 在【图层样式】对话框左边栏中单击【描边】选项，设置所需的参数，如图 2-222 所示，设置好后单击【确定】按钮，效果如图 2-223 所示。

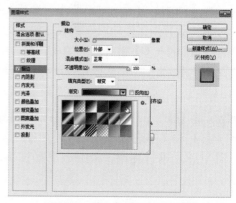

图2-222【图层样式】对话框

图2-223　添加描边效果

STEP 06　在选项栏中将参数设置为
⬤ ▾ 形状 ▾ 填充：□ 描边：□ 7点 ▾，将【填充】设置
为#feac00，【描边】设置为#e55d11，在参考线
的交点上按左键向外拖动，同时按住【Shift】键
绘制出一个圆形，如图 2-224 所示。

图2-224　绘制圆形

STEP 07　在参考线的交点上按左键向外拖动的同
时按住【Shift】键，绘制出一个圆形，在选项栏
中将参数设置为 ⬤ ▾ 形状 ▾ 填充：□ 描边：□ 1点 ▾，
将【填充】设置为#ffcc15，【描边】设置为
#871b00，如图 2-225 所示。

图2-225　绘制圆形

STEP 08　在参考线的交点上按左键向外拖动，同
时按住【Shift】键以绘制出一个圆形，在选项栏
中将参数设置为 ⬤ ▾ 形状 ▾ 填充：□ 描边：☑，将【填
充】设置为#9b1f00，【描边】设置为无，如图
2-226 所示。

STEP 09　按【Ctrl + J】键复制一个副本，激活
"椭圆 4"形状图层，如图 2-227 所示。

图2-226　绘制圆形　　　图2-227　【图层】面板

STEP 10　在【图层】面板中双击"椭圆 4"形状
图层，弹出【图层样式】对话框，在左边栏中
单击【描边】选项，设置所需的参数，如图
2-228 所示，设置好后单击【确定】按钮，效果
如图 2-229 所示。

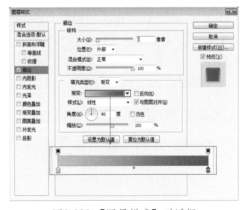

图2-228　【图层样式】对话框

图2-229　添加描边效果

　说明
左边色标的颜色为#fcc058，右边色标
的颜色为#b44907。

STEP 11 在【图层】面板中激活"图层4副本"形状图层,并显示它,将前景色设置为黑色,按【Alt + Del】键填充黑色,如图2-230所示。

STEP 12 按住【Ctrl】键在【图层】面板中单击"椭圆4"副本形状图层的图层缩览图,使其载入选区,如图2-231所示。

图2-235 【图层】面板　　图2-236 添加蒙版并改变
透明度的效果

STEP 15 在工具箱中选择【自定形状工具】,在选项栏中将参数设置为 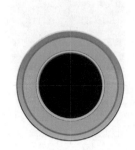 ,在【形状】面板中选择所需的形状,如图2-237所示;移动指针到参考线的交点上按住【Alt】键向外拖动,拖动同时再按住【Shift】键,以绘制出所选的图形,如图2-238所示。

图2-230 填充颜色后的效果　　图2-231 【图层】面板

STEP 13 按【Shift + F6】键执行【羽化】命令,弹出【羽化选区】对话框,在其中将【羽化半径】设置为50像素,如图2-232所示,单击【确定】按钮,选区羽化,如图2-233所示。然后按【Alt + Shift + I】键反选选区,得到如图2-234所示的选区。

图2-237 【形状】面板　　图2-238 绘制图形

STEP 16 在【图层】面板中将该形状图层的【混合模式】设置为柔光,【不透明度】设置为50%,如图2-239所示,效果如图2-240所示。

图2-232 【羽化选区】对话框

图2-233 羽化的选区　　图2-234 反选选区

STEP 14 在【图层】面板中单击【添加图层蒙版】按钮,由选区建立图层蒙版,将【不透明度】设置为80%,如图2-235所示,效果如图2-236所示。

图2-239 【图层】面板　　图2-240 改变混合模式与
透明度后的效果

STEP 17 按住【Ctrl】键在【图层】面板中单击"椭圆4副本"形状图层的图层缩览图,使它载入选区,如图2-241所示,再单击【添加图层蒙版】按钮,由选区建立图层蒙版,按【Ctrl + I】

键反相,【图层】面板如图 2-242 所示,效果如图 2-243 所示。

图2-241 【图层】面板　　　图2-242 【图层】面板

图2-243 添加蒙版后的效果

STEP 18 在工具箱中选择【椭圆工具】,在选项栏中将参数设置为 ,先从参考线的交点上向外拖出一个圆形,如图 2-244 所示,在选项栏中选择■按钮,再绘制一个圆形,以对前面绘制的圆形进行修剪,如图 2-245 所示。在选项栏中将【填充】设置为 #d90000,效果如图 2-246 所示。

图2-244 绘制圆形　　图2-245 绘制圆形并进行
修剪

图2-246 改变填充颜色后的效果

STEP 19 在【图层】菜单中执行【图层样式】→【描边】命令,弹出【图层样式】对话框,设置所需的参数,如图 2-247 所示,效果如图 2-248 所示。

图2-247 【图层样式】对话框

图2-248 添加描边效果

STEP 20 在【图层样式】对话框左边栏中单击【内发光】选项,设置所需的参数,如图 2-249 所示,设置好后单击【确定】按钮,效果如图 2-250 所示。

图2-249 【图层样式】对话框

图2-250 添加内发光效果

STEP 21 在【路径】面板中单击【创建新路径】按钮，新建一个路径，如图 2-251 所示；在工具箱中选择【钢笔工具】，在选项栏中选择路径，在画面中绘制一条直线路径，如图 2-252 所示。

 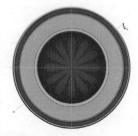

图2-251 【路径】面板　　图2-252 绘制路径

STEP 22 按【Alt + Ctrl】键将直线路径向左上方拖动，复制一个副本，如图 2-253 所示。用同样的方法拖动多次，以复制多个副本，效果如图 2-254 所示。

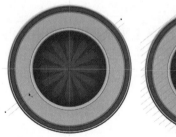 

图2-253 拖动并复制路径　图2-254 拖动并复制路径

STEP 23 在【图层】面板中单击【创建新图层】按钮，新建一个图层，如图 2-255 所示，在工具箱中选择【画笔工具】，设置所需的参数，如图 2-256 所示。

图2-255 创建新图层　　图2-256 设置画笔

STEP 24 在【路径】面板中单击【用画笔描边路

径】按钮，如图 2-257 所示，给路径进行描边，在面板的空当处单击以隐藏路径，效果如图 2-258 所示。

 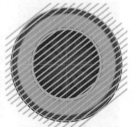

图2-257 【路径】面板　图2-258 用画笔描边后的效果

STEP 25 按住【Ctrl】键在【图层】面板中单击"椭圆 5"形状图层，如图 2-259 所示，使其载入选区，从而得到如图 2-260 所示的选区。

图2-259 【图层】面板　图2-260 载入的选区

STEP 26 按【Shift+F6】键执行【羽化】命令，弹出【羽化选区】对话框，在其中将【羽化半径】设置为 5 像素，如图 2-261 所示，单击【确定】按钮，在【图层】面板中单击【添加图层蒙版】按钮，如图 2-262 所示，由选区建立图层蒙版，效果如图 2-263 所示。

图2-261 【羽化选区】对话框　图2-262 【图层】面板

需的参数，将【颜色】设置为 #721700，如图
2-268 所示，设置好后单击【确定】按钮，效果
如图 2-269 所示。

图2-263　添加蒙版后的效果

STEP 27 按住【Ctrl】键在【图层】面板中单击
"椭圆 5"形状图层，如图 2-264 所示，使其载
入选区，按【Ctrl + Shift + I】键反选，保持前景
色为黑色，按【Alt + Del】键填充黑色，使不需
要的内容隐藏，如图 2-265 所示。按【Ctrl + D】
键取消选择，效果如图 2-266 所示。

STEP 28 从配套光盘的素材库中打开素材图片，
用【移动工具】将其拖动到画面中，并摆放到
所需的位置，如图 2-267 所示。

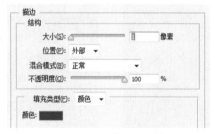

图2-268　【图层】对话框

图2-269　添加描边效果

图2-264　【图层】面板　　图2-265　载入的选区

STEP 30 在【图层】面板中选择"图层 2"，按
住【Shift】键单击"椭圆 1"形状图层，以同时
选择除背景层外的所有图层，如图 2-270 所示，
按【Ctrl + G】键将它们编成一组，如图 2-271 所
示，更改组名，如图 2-272 所示。

图2-266　将蒙版填充黑色　图2-267　打开并复制图片
　　　　　后的效果

STEP 29 在【视图】菜单中执行【显示】→【参
考线】命令，或按【Ctrl+;】键隐藏参考线，在
【图层】菜单中执行【图层样式】→【描边】命
令，弹出【图层样式】对话框，在其中设置所

图2-270　选择图层

105

图2-271　编组　　　　　图2-272　改组名

实例16　游戏巡游界面设计

实例效果图

STEP 01 打开"实例15"中制作好的游戏底盘，如图2-273所示。

图2-273　打开的文件

STEP 02　在【图像】菜单中执行【画布大小】命令，弹出【画布大小】对话框，在其中先勾选【相对】选项，将【宽度】设置为70像素，【高度】设置为100像素，如图2-274所示，设置好后单击【确定】按钮，即可将画布加大，如图2-275所示。

图2-274　【画布大小】对话框

图2-275　改变画布大小后画面

STEP 03　打开"实例14"中制作好的游戏项目按钮，如图2-276所示；用【移动工具】依次将它们拖动到画面中，并摆放到所需的位置，如图2-277所示。

图2-276　打开的文件

STEP 04　在工具箱中选择【钢笔工具】，在选项栏中将参数设置为 ∠ 形状 填充: ▉ 描边: ∠ ，在画面中绘制一个箭头形状，如图2-278所示。

图2-277　复制并排放好后的效果

图2-278　用【钢笔工具】绘制箭头

STEP **05** 在【图层】菜单中执行【图层样式】→【渐变叠加】命令，弹出【图层样式】对话框，在其中设置所需的参数，如图2-279所示，效果如图2-280所示。

> **说明**
> 左边色标的颜色为 #41bdf4，右边色标的颜色为白色。

图2-279　【图层样式】对话框

图2-280　添加渐变叠加效果

STEP **06** 在【图层样式】对话框左边栏中单击【描边】选项，设置所需的参数，如图2-281所示，效果如图2-282所示。

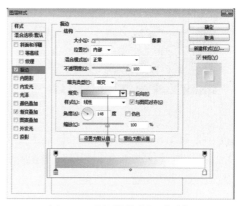

图2-281　【图层样式】对话框

图2-282　添加描边效果

> **说明**
> 左边色标的颜色为 #41bdf4，右边色标的颜色为白色。

STEP **07** 在【图层样式】对话框左边栏中单击【投影】选项，设置所需的参数，如图2-283所示，设置好后单击【确定】按钮，效果如图2-284所示。

图2-283 【图层样式】对话框

图2-284 添加投影效果

STEP 08 按【Ctrl + J】键复制一个副本，如图2-285 所示；用【移动工具】将其向下拖动到适当位置，如图 2-286 所示。

图2-285 【图层】面板

图2-286 复制并移动后的效果

STEP 09 按【Ctrl + T】键执行【自由变换】命令，在选项栏中将旋转角度设置为 60 度，将箭头进行旋转，如图 2-287 所示，在变换框中双击确认变换，效果如图 2-288 所示。

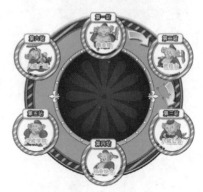

图2-287 旋转对象

图2-288 旋转后的效果

STEP 10 用同样的方法对箭头进行复制与旋转，效果如图 2-289 所示。

图2-289 复制并旋转后的效果

STEP 11 打开"实例 13"中制作好的游戏主题特效字，在【图层】面板中选择所需的图层，如

图 2-290 所示；将其拖动到画面中，再摆放到所需的位置，如图 2-291 所示。

图2-290　打开的文件

图2-291　移动并复制文字

STEP 12 打开"实例 12"中制作好的透明按钮，并在【图层】面板中选择所需的图层组，如图 2-292 所示；然后将其拖动到画面中，再摆放到所需的位置，如图 2-293 所示。

图2-292　打开的文件

图2-293　移动并复制按钮

STEP 13 从配套光盘的素材库中打开素材图片，如图 2-294 所示，将其拖动到画面中，再摆放到所需的位置，如图 2-295 所示。

图2-294　打开的图片

图2-295　移动并复制图片

STEP 14 在工具箱中选择【横排文字工具】，并在选项栏中将参数设置为 ，将【文本颜色】设置为 #fce9b6，在画面中单击并输入所需的文字，如图 2-296 所示。

图2-296　输入文字

STEP 15 在【图层】菜单中执行【图层样式】→【描边】命令，弹出【图层样式】对话框，在其中设置所需的参数，将【颜色】设置为 #ed0000，如图 2-297 所示，设置好后画面效果如图 2-298 所示。

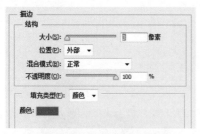

图2-297 【图层样式】对话框

图2-298 添加【描边】后的效果

STEP 16 在【图层样式】对话框中选择【投影】选项,设置所需的参数,如图 2-299 所示,设置好后单击【确定】按钮,效果如图 2-300 所示。

图2-299 【图层样式】对话框

图2-300 添加【投影】后的效果

STEP 17 从配套光盘的素材库中打开素材图片,如图 2-301 所示,将其拖动到画面中,在【图层】面板中将其拖动到背景层的上层,如图 2-302 所示,移动到所需的位置,作为游戏巡游界面的背景,效果如图 2-303 所示。

图2-301 打开的图片

图2-302 【图层】面板

图2-303 移动并复制图片

实例17 游戏召集伙伴界面背景设计

实例效果图

游戏召集伙伴界面

STEP 01 从配套光盘的素材库中打开素材背景图片，如图 2-304 所示。

图2-304 打开的图片

STEP 02 在工具箱中选择【钢笔工具】，在选项栏中将参数设置为，将【填充】设置为 #f7a100，在画面中绘制一个图形，如图 2-305 所示。

图2-305 绘制一个图形

STEP 03 按【Ctrl + J】键复制一个副本，如图 2-306 所示，按【Ctrl + T】键执行【自由变换】命令，将副本进行大小调整，如图 2-307 所示，调整好后在变换框中双击确认变换。

图2-306 【图层】面板　　图2-307 【自由变换】后的效果

STEP 04 在【图层】菜单中执行【图层样式】→【渐变叠加】命令，弹出【图层样式】对话框，在其中设置所需的参数，如图 2-308 所示，设置好后单击【确定】按钮，效果如图 2-309 所示。

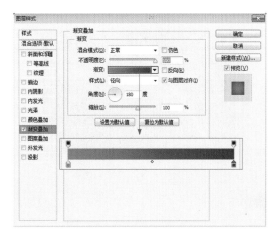

图2-308 【图层样式】对话框

图2-309　添加【渐变叠加】后的效果

> **说明**
> 左边色标的颜色为 #0889c4，右边色标的颜色为 #01386b。

STEP 05 在工具箱中选择【矩形工具】，并在选项栏中将参数设置为 [■ · 形状 ÷ 填充: ■ 描边: ⁄]，将【填充】设置为白色，在画面中适当位置绘制一个矩形，如图 2-310 所示。

图2-310　绘制一个矩形

STEP 06 按【Ctrl + T】键执行【自由变换】命令，在选项栏中将旋转角度设置为 −55 度，效果如图 2-311 所示。

图2-311　旋转后的效果

STEP 07 按【Ctrl + Alt】键将旋转后的矩形拖动并复制到适当位置，以复制一个副本，如图 2-312 所示；用同样的方法再复制多个副本，效果如图 2-313 所示。

图2-312　移动并复制对象

图2-313　移动并复制对象

STEP 08 按住【Ctrl】键在【图层】面板中单击"形状 1"的图层缩览图，如图 2-314 所示，使其载入选区，从而得到如图 2-315 所示的选区。

图2-314　【图层】面板　　图2-315　将"形状1"的内容载入选区

STEP 09 在【图层】面板中单击【添加图层蒙版】按钮，由选区建立图层蒙版，将【不透明度】设置为 50%，如图 2-316 所示，效果如图 2-317 所示。

图2-316　【图层】面板　　图2-317　设置【不透明度】后的效果

STEP 10 在【图层】面板中单击【创建新图层】按钮，新建一个图层，按住【Ctrl】键单击"形状1"形状图层，如图2-318所示，使"形状1"形状图层的内容载入选区，如图2-319所示。

图2-318 【图层】面板　图2-319　将形状1的内容载入选区

STEP 11 在【选择】菜单中执行【修改】→【收缩】命令，弹出【收缩选区】对话框，在其中将【收缩量】设置为5像素，如图2-320所示，设置好后单击【确定】按钮，将前景色设置为白色，按【A lt + Del】键填充白色，效果如图2-321所示。

图2-320 【收缩选区】　　图2-321 【收缩选区】后
　　对话框　　　　　　　　的效果

STEP 12 再按住【Ctrl】键单击"形状1副本"形状图层，如图2-322所示，使"形状1"副本图层的内容载入选区，如图2-323所示。

图2-322 【图层】面板　图2-323　将"形状1副本"的内容载入选区

STEP 13 在【选择】菜单中执行【修改】→【扩展】命令，弹出【扩展选区】对话框，在其中将【扩展量】设置为5像素，如图2-324所示，设置好后单击【确定】按钮，以得到如图2-325所示的选区。

图2-324 【扩展选区】　　图2-325 【扩展选区】后
　　对话框　　　　　　　　的效果

STEP 14 在键盘上按【Del】键将选区内容删除，按【Ctrl + D】键取消选择，效果如图2-326所示。

图2-326　将选区内容删除

STEP 15 在【图层】面板中设置【不透明度】为30%，以降低不透明度，如图2-327所示，

图2-327　设置【不透明度】后的效果

STEP 16 按【Ctrl + J】键复制一个副本，按住【Ctrl】键在【图层】面板中单击"矩形1"形状图层的图层缩览图，如图2-328所示，使它的内容载入选区，从而得到如图2-329所示的选区。

图2-328 【图层】面板   图2-329 将"矩形1"的
内容载入选区

STEP 17 在【图层】面板中单击【添加图层蒙版】按钮,如图 2-330 所示,由选区建立蒙版,效果如图 2-331 所示。

图2-330 【图层】面板   图2-331 【添加图层蒙版】后的效果

实例18 游戏召集伙伴界面主题特效字设计

实例效果图

STEP 01 在工具箱中选择【横排文字工具】,在选项栏中将参数设置为 ███████████,在画面的上部单击并输入所需的文字,如图 2-332 所示,输入好后单击 ✓ 按钮,确认文字输入。

图2-332 输入文字

STEP 02 在选项栏中单击 █ 按钮,弹出【变形文字】对话框,在其中设置所需的参数,如图 2-333 所示,设置好后单击【确定】按钮,效果如图 2-334 所示。

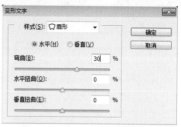

图2-333 【变形文字】对话框

图2-334 【变形文字】后的效果

STEP 03 在【图层】菜单中执行【图层样式】→【渐变叠加】命令,弹出【图层样式】对话框,在其中设置所需的参数,如图 2-335 所示,效果如图 2-336 所示。

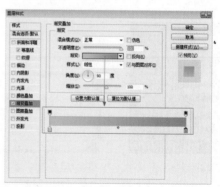

图2-335 【图层样式】对话框

图2-336　添加【渐变叠加】后的效果

> **说明**
>
> 左边色标的颜色为 #e3d406，右边色标的颜色为 #e9811d。

STEP 04　在【图层样式】对话框左边栏中单击【斜面和浮雕】选项，设置所需的参数，如图2-337所示，效果如图2-338所示。

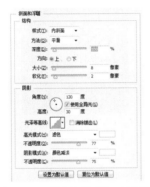

图2-337　【图层样式】对话框

图2-338　添加【斜面和浮雕】后的效果

STEP 05　在【图层样式】对话框左边栏中单击【等高线】选项，设置所需的参数，如图2-339所示，效果如图2-340所示。

图2-339　【图层样式】对话框

图2-340　添加【等高线】后的效果

STEP 06　在【图层样式】对话框左边栏中单击【内发光】选项，设置所需的参数，将颜色设置为 #ffba00，如图2-341所示，效果如图2-342所示。

图2-341　【图层样式】对话框

图2-342　添加【内发光】后的效果

STEP 07　在【图层样式】对话框左边栏中单击【描边】选项，设置所需的参数，如图2-343所示，效果如图2-344所示。

图2-343　【图层样式】对话框

图2-344　添加【描边】后的效果

STEP 08　在【图层样式】对话框左边栏中单击【外发光】选项，设置所需的参数，将颜色设置为 #fcdb83，如图2-345所示，设置好后单击【确定】按钮，效果如图2-346所示。

图2-345 【图层样式】对话框

图2-346 添加【外发光】后的效果

实例19 游戏召集伙伴界面进度栏设计

实例效果图

游戏召集伙伴界面

STEP 01 在工具箱中选择【圆角矩形工具】，在选项栏中将参数设置为 ▢ 形状 ▾ 填充：▢ 描边：▢ ⚋，将【填充】设置为白色，在几何选项面板中选择【不受约束】选项，如图2-347所示，在画面中

绘制一个圆角矩形，如图2-348所示。

图2-347 几何选项面板　图2-348 绘制一个圆角矩形

STEP 02 在【图层】面板中【填充】设置为0%，如图2-349所示。

图2-349 【图层】面板

STEP 03 在【图层】菜单中执行【图层样式】→【描边】命令，弹出【图层样式】对话框，在其中设置所需的参数，如图2-350所示，效果如图2-351所示。

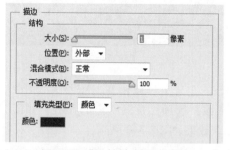

图2-350 【图层样式】对话框

图2-351 添加【描边】后的效果

STEP 04 在【图层样式】对话框左边栏中单击【内阴影】选项，设置所需的参数，如图2-352

所示，效果如图 2-353 所示。

图2-352 【图层样式】对话框

图2-353 加【内阴影】后的效果

STEP 05 在【图层样式】对话框左边栏中单击【投影】选项，设置所需的参数，将投影颜色设置为白色，如图 2-354 所示，设置好后单击【确定】按钮，效果如图 2-355 所示。

图2-354 【图层样式】对话框

图2-355 添加【投影】后的效果

STEP 06 在刚绘制的圆角矩形左边绘制一个圆角矩形，在选项栏中将参数设置为

形状 ▼ 填充: 描边: ✎ 半径: 20 像素 ，将【填充】

设置为 #7ab800，如图 2-356 所示。

图2-356 绘制一个圆角矩形

STEP 07 在【图层】菜单中执行【图层样式】→【渐变叠加】命令，弹出【图层样式】对话框，在其中设置所需的参数，将渐变颜色设置为从黑色到透明渐变，如图 2-357 所示，效果如图 2-358 所示。

图2-357 【图层样式】对话框

图2-358 添加【渐变叠加】后的效果

STEP 08 在【图层样式】对话框左边栏中单击【内阴影】选项，设置所需的参数，如图 2-359 所示，设置好后单击【确定】按钮，效果如图 2-360 所示。

图2-359 【图层样式】对话框

图2-360 添加【内阴影】后的效果

STEP 09 在工具箱中选择【直接选择工具】 ，在画面中选择要删除的锚点，如图 2-361 所示，按【Del】键将其删除，效果如图 2-362 所示。

图2-361 选择要删除的锚点

图2-362 删除锚点后的效果

STEP 10 从配套光盘的素材库中打开素材图标，用【移动工具】将其拖动到画面中，并摆放到所需的位置，如图 2-363 所示。

图2-363 打开图片并复制到适当位置

STEP 11 在【图层】菜单中执行【图层样式】→【投影】命令，弹出【图层样式】对话框，在其中设置所需的参数，如图 2-364 所示，设置好后单击【确定】按钮，效果如图 2-365 所示。

图2-364 【图层样式】对话框

图2-365 添加【投影】后的效果

实例20 游戏召集伙伴界面关闭按钮设计

实例效果图

操作步骤

STEP 01 在工具箱中选择【椭圆工具】，在选项栏中将参数设置为 ，将【填充】设置为 #e89000，然后在画面的右上角绘制一个圆形，如图 2-366 所示。

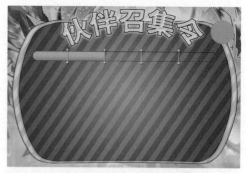

图2-366 绘制一个圆形

STEP 02 在【图层】菜单中执行【图层样式】→【投影】命令，弹出【图层样式】对话框，在其中设置所需的参数，如图 2-367 所示，设置好后单击【确定】按钮，效果如图 2-368 所示。

图2-367 【图层样式】对话框

图2-368 添加【投影】后的效果

STEP 03 在画面中适当位置绘制一个圆形，在【椭圆工具】的选项栏中将【填充】设置为白色，如图 2-369 所示。

图2-369 绘制一个圆形

STEP 04 在【图层】菜单中执行【图层样式】→【渐变叠加】命令，弹出【图层样式】对话框，在其中设置所需的参数，如图 2-370 所示，设置好后单击【确定】按钮，效果如图 2-371 所示。

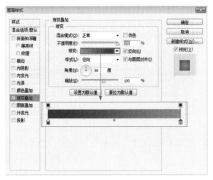

图2-370 【图层样式】对话框

图2-371 添加【渐变叠加】后的效果

> **说明**
> 左边色标的颜色为 #002d60，右边色标的颜色为 #098dc8。

STEP 05 在画面中圆形按钮上绘制一个圆形，在【椭圆工具】的选项栏中将参数设置为 ● · ▕ 形状 ▕ 填充: ▨ ▕ 描边 ▕ 4点 ，将【填充】设置为无，【描边】设置为 #efb24d，如图 2-372 所示。

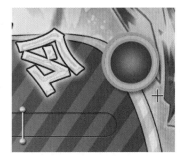

图2-372 绘制一个圆形

STEP 06 在工具箱中选择【自定形状工具】，在选项栏中将参数设置为 ▨ · ▕ 形状 ▕ 填充: ▕ 描边: ▕ ，其【填充】设置为 #fff900，【描边】设置为无，在【形状】面板中选择所需的形状，如图 2-373 所示，在画面中绘制形状，如图 2-374 所示。

图2-373 【形状】面板

图2-374 绘制形状

STEP 07 在【图层】菜单中执行【图层样式】→

【投影】命令，弹出【图层样式】对话框，并在其中设置所需的参数，如图 2-375 所示，设置好后单击【确定】按钮，效果如图 2-376 所示。

图2-375 【图层样式】对话框

图2-376 添加【投影】后的效果

实例21 游戏召集伙伴界面邀请按钮设计

实例效果图

STEP 01 在工具箱中选择【圆角矩形工具】，在选项栏中将参数设置为 [形状] 填充: 描边: 、[半径: 20像素]，将【填充】设置为 #7ab800，然后在画面底部绘制一个圆角矩形，如图 2-377 所示。

图2-377 绘制一个圆角矩形

STEP 02 在【图层】菜单中执行【图层样式】→【渐变叠加】命令，弹出【图层样式】对话框，在其中设置所需的参数，如图 2-378 所示，效果如图 2-379 所示。

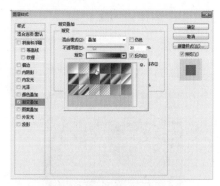

图2-378 【图层样式】对话框

图2-379 添加【渐变叠加】后的效果

STEP 03 在【图层样式】对话框左边栏中单击【内阴影】选项，设置所需的参数，如图 2-380 所示，效果如图 2-381 所示。

图2-380 【图层样式】对话框

图2-381 添加【内阴影】后的效果

STEP 04 在【图层样式】对话框左边栏中单击【颜色叠加】选项，设置所需的参数，其颜色设置为 #03661c，如图 2-382 所示，效果如图 2-383 所示。

图2-382 【图层样式】对话框

图2-383 添加【颜色叠加】后的效果

STEP 05 在【图层样式】对话框左边栏中单击【描边】选项，设置所需的参数，如图 2-384 所示，效果如图 2-385 所示。

图2-384 【图层样式】对话框

图2-385 添加【描边】后的效果

STEP 06 在【图层样式】对话框左边栏中单击【投影】选项，设置所需的参数，如图 2-386 所示，设置好后单击【确定】按钮，效果如图 2-387 所示。

图2-386 【图层样式】对话框

图2-387 添加【投影】后的效果

STEP 07 在工具箱中选择【钢笔工具】，在选项栏中将参数设置为 ，将【填充】设置为#def83b，【描边】设置为无，在画面中绘制出一个图形，如图 2-388 所示。

图2-388 绘制图形

STEP 08 在【图层】面板中将【不透明度】设置为 20%，如图 2-389 所示，效果如图 2-390 所示。

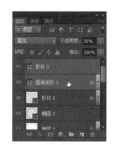

图2-389 【图层】面板　图2-390 设置【不透明度】后的效果

STEP 09 按住【Shift】键在【图层】面板中单击"圆角矩形 3"，以同时选择按钮所在的图层，如图 2-391 所示，在工具箱中选择【移动工具】，按【Alt + Shift】键将其向右拖动到所需的位置，以复制一个副本，如图 2-392 所示。

图2-391 【图层】面板　图2-392 移动并复制对象

STEP 10 在工具箱中选择【横排文字工具】，在选项栏中将参数设置为 ，将【文本颜色】设置为#0b4204，在画面中圆角矩形按钮上单击并输入所需的文字，如图2-393所示。

图2-393 输入文字

STEP 11 在【图层】菜单中执行【图层样式】→【描边】命令，弹出【图层样式】对话框，在其中设置所需的参数，将【颜色】设置为#c0ff00，如图2-394所示，效果如图2-395所示。

图2-394 【图层样式】对话框

图2-395 添加【描边】后的效果

STEP 12 在【图层样式】对话框左边栏中单击【投影】选项，设置所需的参数，如图2-396所示，设置好后单击【确定】按钮，效果如图2-397所示。

图2-396 【图层样式】对话框

图2-397 添加【投影】后的效果

STEP 13 用同样的方法复制文字，用【横排文字工具】选择副本文字，再输入所需的文字，效果如图2-398所示。

图2-398 输入文字

实例22 游戏召集伙伴界面设计

实例效果图

 操作步骤

STEP 01 从配套光盘的素材库中打开素材图片，用移动工具将其复制到画面中，再摆放到所需的位置，效果如图2-399所示。

图2-399 打开图片并复制到适当位置

STEP 02 在【图层】菜单中执行【图层样式】→【外发光】命令，弹出【图层样式】对话框，并

在其中设置所需的参数，将【外发光】颜色设置为#436bc6，如图2-400所示，效果如图2-401所示。

图2-400　【图层样式】对话框

图2-401　添加【外发光】后的效果

STEP 03　在【图层样式】对话框左边栏中单击【投影】选项，设置所需的参数，如图2-402所示，设置好后单击【确定】按钮，效果如图2-403所示。

图2-402　【图层样式】对话框

图2-403　添加【投影】后的效果

STEP 04　从配套光盘的素材库中打开素材的图片，用【移动工具】将其拖动到画面中，再摆放到所需的位置，效果如图2-404所示。

图2-404　打开图片并复制到适当位置

STEP 05　在工具箱中选择【钢笔工具】，并在选项栏中将参数设置为 ，在画面中绘制一个图形，如图2-405所示。

图2-405　绘制一个图形

STEP 06　在【图层】菜单中执行【图层样式】→【渐变叠加】命令，弹出【图层样式】对话框，在其中设置所需的参数，如图2-406所示，设置好后单击【确定】按钮，效果如图2-407所示。

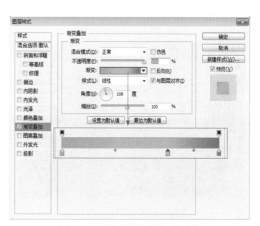

图2-406　【图层样式】对话框

图2-407　添加【渐变叠加】后的效果

说明

左边色标的颜色为#00b4ff，中间色标的颜色为#32c2fe，右边色标的颜色为#0379aa。

STEP 07 在工具箱中选择【横排文字工具】，并在选项栏中将参数设置为 ，将【文本颜色】设置为白色，在画面中刚复制的图形上单击并输入所需的文字，如图 2-408 所示。选择要改颜色的文字，在选项栏中将【文本颜色】设置为#ffff00，如图 2-409 所示。

图2-408　输入文字

图2-409　编辑文字

STEP 08 在【图层】菜单中执行【图层样式】→【投影】命令，弹出【图层样式】对话框，并在其中设置所需的参数，如图 2-410 所示，设置好后单击【确定】按钮，效果如图 2-411 所示。

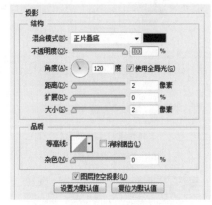

图2-410　【图层样式】对话框

图2-411　添加【投影】后的效果

STEP 09 用与"步骤7"同样的方法在画面输入所需的文字，并根据需要设置字体、字体大小与文本颜色，最终效果如图 2-412 所示。

图2-412　最终效果图

3

第 3 部分

软件界面设计

软件界面设计是为了满足软件专业化及标准化需求而产生的。它使软件的使用界面美化、优化、规范化。具体包括软件启动封面设计、软件框架设计、按钮设计、面板设计、菜单设计、标签设计、图标设计、滚动条及状态栏设计、安装过程设计。

实例23　软件运行进度界面设计

实例效果图

STEP 01 按【Ctrl + N】键弹出【新建】对话框，将【宽度】设置为 600 像素，【高度】设置为 450 像素，【分辨率】设置为 72 像素 / 英寸，【颜色模式】设置为 RGB 颜色，【背景内容】设置为 #0e7bad，如图 3-1 所示，设置好后单击【确定】按钮，新建一个文档。

图3-1　【新建】对话框

STEP 02 在工具箱中选择【椭圆工具】 ，在选项栏中将参数设置为 ，将【填充】设置为 #8db2cb，在几何选项面板中设置所需的参数，如图 3-2 所示；在画面中绘制一个圆形，如图 3-3 所示。

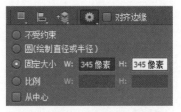

图3-2　几何选项面板

图3-3　绘制一个圆形

STEP 03 按【Ctrl + J】键复制一个副本，在【椭圆工具】的选项栏中将【填充】设置为白色，效果如图 3-4 所示；按【Ctrl + J】键复制一个副本，如图 3-5 所示。

图3-4　复制圆形

图3-5　【图层】面板

STEP 04 按【Ctrl + T】键执行【自由变换】命令，按【Alt + Shift】键将副本缩小，如图 3-6 所示，调整好后在变换框中双击确认变换。

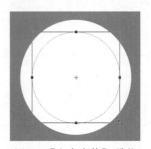

图3-6　【自由变换】调整

STEP 05 按住【Shift】键在【图层】面板中单击

"椭圆 1 副本"，以同时选择"椭圆 1"和"椭圆 1 副本"这两个图层，如图 3-7 所示，按【Ctrl + E】键将它们合并为一个图层，如图 3-8 所示；在工具箱中选择【路径选择工具】，按住【Shift】键在画面中选择两个圆形路径，如图 3-9 所示。

图3-7 【图层】面板　　　图3-8 【图层】面板

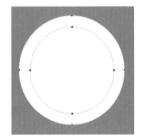

图3-9　选择两个圆形路径

STEP 06　在工具箱中选择【椭圆工具】，在选项栏中选择【排除重叠形状】命令，如图 3-10 所示，效果如图 3-11 所示。

图 3-10　在选项栏中选择【排除重叠形状】命令

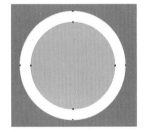

图3-11 【排除重叠形状】后的效果

STEP 07　在【图层】面板上的"椭圆 1 副本 2"上右击，在弹出的快捷菜单中执行【栅格化图层】命令，如图 3-12 所示，使形状图层转换为普通图层，如图 3-13 所示。

图3-12 【图层】面板　　　图3-13 【图层】面板

STEP 08　在工具箱中选择【矩形选框工具】，在画面中框选出不需要的部分，如图 3-14 所示，按【Del】键清除选区内容，按【Ctrl + D】键取消选择，效果如图 3-15 所示。

图3-14　框选出不需要的　　　图3-15　清除选区内容
　　　　　部分

STEP 09　将前景色设置为白色，在工具箱中选择【椭圆工具】，在选项栏中选择像素，在画面中刚删除的地方绘制一个椭圆，并使其与两边对齐，如图 3-16、图 3-17 所示；再用同样的方法再绘制一个椭圆，效果如图 3-18 所示。

图3-16　绘制椭圆

图3-17　绘制椭圆

图3-18　绘制椭圆

STEP 10　在选项栏中将参数设置为，在画面中绘制出一个圆形路径，如图 3-19 所示；在工具箱中选择【矩形工具】，在选项栏中将参数设置为，在画面中绘制一个矩形路径，如图 3-20 所示。

图3-19　绘制出一个圆形路径

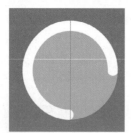

图3-20　绘制一个矩形路径

STEP 11　在选项栏中单击按钮，即可得到一个半圆形，效果如图 3-21 所示。

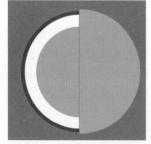

图3-21　单击【形状】按钮后的效果

STEP 12　在【图层】面板中激活"椭圆 1"形状图层，使它为当前图层，隐藏"矩形 1"形状图层与"椭圆 1 副本 2"图层，如图 3-22 所示，双击"椭圆 1"形状图层，弹出【图层样式】对话框，在其中选择【描边】选项，设置所需的参数，如图 3-23 所示，效果如图 3-24 所示。

图3-22　【图层】面板

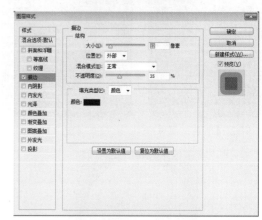

图3-23　【图层样式】对话框

图3-24　添加【描边】后的效果

STEP 13　在【图层样式】对话框左边栏中单击【内发光】选项，设置所需的参数，如图 3-25 所示，设置好后单击【确定】按钮，效果如图 3-26 所示。

图3-25　【图层样式】对话框

128
Photoshop CS6

图3-26 添加【内发光】后的效果

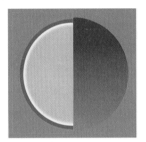

图3-29 添加【渐变叠加】后的效果

STEP 14 在【图层】面板中激活"矩形 1"形状图层，拖到"椭圆 1"的上层，如图 3-27 所示，双击它，弹出【图层样式】对话框，在其中选择【渐变叠加】选项，设置所需的参数，如图3-28 所示，效果如图 3-29 所示。

> **说明**
> 左边色标的颜色为 #747092，右边色标的颜色为 #440e62。

STEP 15 在【图层】菜单中执行【创建剪贴蒙版】命令，效果如图 3-30 所示。

图3-27 【图层】面板

图3-30 【创建剪贴蒙版】后的效果

STEP 16 在【图层】面板激活"椭圆 1 副本 2"图层，并显示它，如图 3-31 所示，双击它，弹出【图层样式】对话框，在其中选择【渐变叠加】选项，设置所需的参数，如图 3-32 所示，效果如图 3-33 所示。

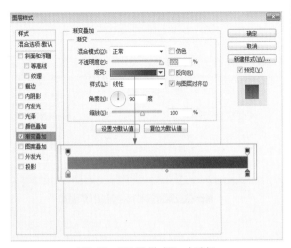

图3-28 【图层样式】对话框

图3-31 【图层】面板

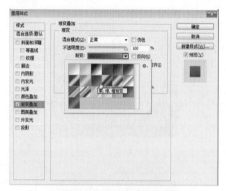

图3-32 【图层样式】对话框

图3-33 添加【渐变叠加】后的效果

STEP 17 在【图层样式】对话框左边栏中单击【投影】选项，设置所需的参数，如图3-34所示，设置好后单击【确定】按钮，效果如图3-35所示的效果。

图3-34 【图层样式】对话框

图3-35 添加【投影】后的效果

STEP 18 在【图层】菜单中执行【创建剪贴蒙版】命令，效果如图3-36所示。

图3-36 【创建剪贴蒙版】后的效果

STEP 19 在工具箱中选择【椭圆工具】，在选项栏中将参数设置为 ⬭ 形状 ▾ 填充：■ 描边：◢ ，在画面中绘制一个黑色圆形，如图3-37所示。

图3-37 绘制一个黑色圆形

STEP 20 在【图层】菜单中执行【图层样式】→【渐变叠加】命令，弹出【图层样式】对话框，在其中选择【渐变叠加】选项，设置所需的参数，如图3-38所示，在画面中进行拖动以改变渐变中心点，效果如图3-39所示。

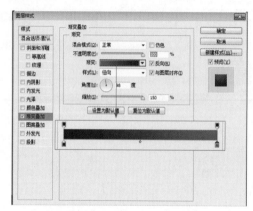

图3-38 【图层样式】对话框

图3-39　改变渐变中心点的效果

说明
左边色标的颜色为#1c1023，右边色标的颜色为#786681。

STEP 21 在【图层样式】对话框左边栏中单击【内发光】选项，设置所需的参数，如图3-40所示，效果如图3-41所示。

图3-40　【图层样式】对话框

图3-41　添加【内发光】后的效果

STEP 22 在【图层样式】对话框左边栏中单击【外发光】选项，设置所需的参数，如图3-42所示，效果如图3-43所示。

图3-42　【图层样式】对话框

图3-43　添加【外发光】后的效果

STEP 23 在【图层样式】对话框左边栏中单击【投影】选项，设置所需的参数，如图3-44所示，设置好后单击【确定】按钮，效果如图3-45所示。

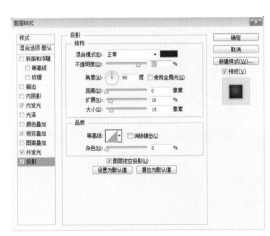

图3-44　【图层样式】对话框

图3-45　添加【投影】后的效果

STEP 24 在工具箱中选择【自定形状工具】 ，在选项栏中参数设置为 ，在【形状】面板中选择所需的形状，如图3-46所示，在画面中绘制出所选的形状，如图3-47所示。

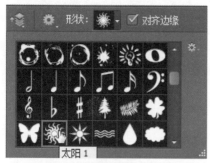

图3-46　【形状】面板

图3-47　绘制形状

STEP 25 在【图层】面板中将【不透明度】设置为13%，如图3-48所示，效果如图3-49所示。

图3-48　【图层】面板

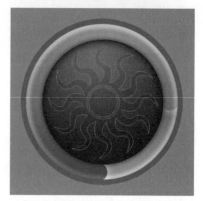

图3-49　降低不透明度后的效果

STEP 26 在工具箱中选择【横排文字工具】 ，在选项栏中将参数设置为 ，将【文本颜色】设置为#eba1bd，在画面中单击并输入所需的文字，如图3-50所示，输入好后单击 按钮，确认文字输入。

图3-50　输入文字

STEP 27 在【图层】菜单中执行【图层样式】→

【投影】命令，弹出【图层样式】对话框，并在其中设置所需的参数，如图 3-51 所示，设置好后单击【确定】按钮，效果如图 3-52 所示。

图3-51 【图层样式】对话框

图3-52 添加【投影】后的效果

STEP 28 重复使用"步骤26"及"步骤27"的方法在画面中输入所需的文字并添加投影效果，效果如图 3-53 所示。

图3-53 输入文字

STEP 29 在工具箱中选择【椭圆工具】，在选项栏中将参数设置为 ，将【填充】设置为 #353148，在画面中绘制一个圆

形，如图 3-54 所示。

图3-54 绘制一个圆形

STEP 30 在【图层】菜单中执行【图层样式】→【描边】命令，弹出【图层样式】对话框，在其中设置所需的参数，如图 3-55 所示，效果如图 3-56 所示。

图3-55 【图层样式】对话框

图3-56 添加【描边】后的效果

STEP 31 在【图层样式】对话框左边栏中单击【外发光】选项，设置所需的参数，如图 3-57 所示，效果如图 3-58 所示。

图3-57 【图层样式】对话框

图3-58 添加【外发光】后的效果

STEP 32 在【图层样式】对话框左边栏中单击【内阴影】选项，设置所需的参数，如图3-59所示，设置好后单击【确定】按钮，效果如图3-60所示。

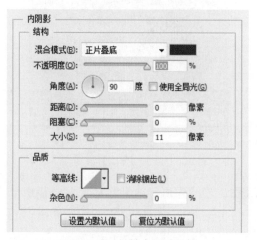

图3-59 【图层样式】对话框

图3-60 添加【内阴影】后的效果

STEP 33 在工具箱中选择【横排文字工具】，在小圆形内单击并输入所需的文字，如图3-61所示，在【字符】面板中设置所需的参数，如图3-62所示，在选项栏中单击✓按钮，确认文字输入。

图3-61 输入文字

图3-62 【字符】面板

STEP 34 在【图层】菜单中执行【图层样式】→【投影】命令，弹出【图层样式】对话框，并在其中设置所需的参数，如图 3-63 所示，效果如图 3-64 所示。

图3-63 【图层样式】对话框

图3-64 添加【投影】后的效果

STEP 35 在【图层样式】对话框左边栏中单击【渐变叠加】选项，设置所需的参数，如图 3-65 所示，设置好后单击【确定】按钮，效果如图 3-66 所示。

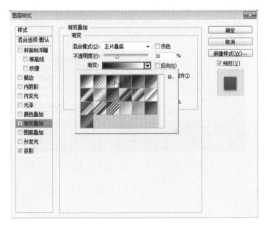

图3-65 【图层样式】对话框

图3-66 添加【渐变叠加】后的效果

STEP 36 按住【Shift】键在【图层】面板中单击椭圆 3 形状图层，如图 3-67 所示，在工具箱中选择【移动工具】，按住【Alt】键将其向左上方拖动，以复制一个副本，效果如图 3-68 所示。

图3-67 【图层】面板

图3-68 移动并复制文字

STEP 37 在工具箱选择【横排文字工具】，在画面中选择文字，再输入所需的文字，如图 3-69 所示，更改好后单击☑按钮，即可将文字进行替换。

图3-69　替换文字后的效果

实例24　播放器界面设计

实例效果图

 操作步骤

STEP 01 按【Ctrl + N】键弹出【新建】对话框，将【宽度】设置为720像素，【高度】设置为90像素，【分辨率】设置为72像素/英寸，【颜色模式】设置为RGB颜色，【背景内容】设置为黑色，设置好后单击【确定】按钮，新建一个文档。

STEP 02 显示【路径】面板，在其中单击【创建新路径】按钮，新建"路径1"，如图3-70所示，在工具箱中选择【钢笔工具】 ，在选项栏中选择路径，在画面上勾画出如图3-71所示的路径。

图3-70　【路径】面板

图3-71　绘制路径

STEP 03 在工具箱中选择【钢笔工具】，在画面中勾画出如图3-72所示的路径；再用同样的方法，勾画出如图3-73所示的路径。

图3-72　绘制路径

图3-73　绘制路径

STEP 04 显示【图层】面板，在其中单击【创建新图层】按钮，新建"图层1"，如图3-74所示。

图3-74　【图层】面板

STEP 05 显示【路径】面板，按住【Ctrl】键在要选择的路径上单击，以选择路径，如图3-75所示，在面板底部单击【将路径作为选区载入】按钮，使所选路径载入选区。

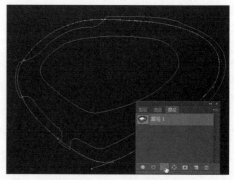

图3-75　将路径作为选区载入

STEP 06 将前景色设置为R128、G128、B128，按【Alt + Delete】键填充前景色，效果如图3-76所示。

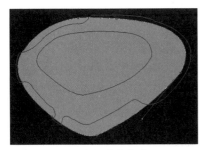

图3-76　填充颜色

STEP 07 从工具箱中选择【路径选择工具】，在画面上选择如图 3-77 所示的路径，按住【Shift】键加选如图 3-78 所示的路径。

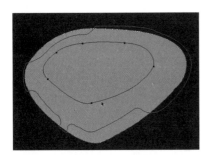

图3-77　选择路径

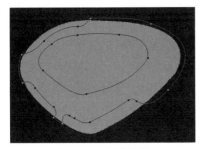

图3-78　选择路径

STEP 08 在【路径】面板底部单击【将路径作为选区载入】按钮，使所选路径载入选区，如图 3-79 所示；在面板空当区域单击以隐藏路径，得到如图 3-80 所示的选区。

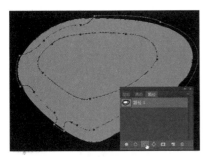

图3-79　将路径作为选区载入

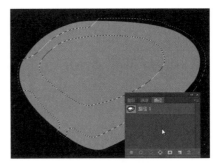

图3-80　隐藏路径

STEP 09 显示【图层】面板，在其中新建"图层2"，按【Alt + Delete】键填充前景色，如图 3-81 所示。

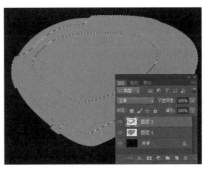

图3-81　填充颜色

STEP 10 按【Ctrl + D】键取消选择，在【图层】面板中单击"图层 2"左边的眼睛图标，隐藏该图层，再双击"图层 1"，弹出【图层样式】对话框，在其中选择左边的【投影】选项，在右边栏中设置所需的参数，如图 3-82 所示。

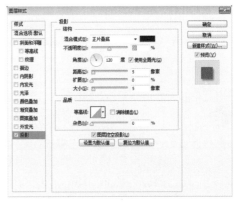

图3-82　【图层样式】对话框

STEP 11 在左边栏【图层样式】对话框左边栏中单击【内阴影】选项，在右边栏中设置所需的参数，如图 3-83 所示。

图3-83 【图层样式】对话框

STEP 12 在【图层样式】对话框左边栏中单击【斜面和浮雕】选项，在右边栏中设置所需的参数如图 3-84 所示。

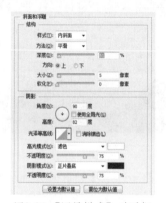

图3-84 【图层样式】对话框

STEP 13 在【图层样式】对话框左边栏中单击【渐变叠加】选项，在右边栏中单击可编辑渐变条，弹出【渐变编辑器】对话框，在其中设置渐变如图 3-85 所示，单击【确定】按钮，返回到【图层样式】对话框中对其他选项进行设置，具体参数如图 3-86 所示。

> ⭐ **说明**
>
> 色标 1 的颜色为 R40、G40、B40；色标 2 的颜色为白色；色标 3 的颜色为 R102、G102、B102；色标 4 的颜色为 R182、G182、B182；色标 5 的颜色为 R40、G40、B40；色标 6 不透明度为 0，位置为 0；色标 7 不透明度为 100，位置为 2；色标 8 不透明度为 100，位置为 98；色标 9 不透明度为 0，位置为 100。

图3-85 【图层样式】对话框

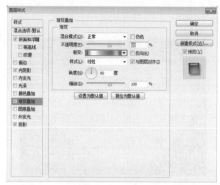

图3-86 【渐变编辑器】对话框

STEP 14 在【图层样式】对话框左边栏中单击【描边】选项，在右边栏中将【描边颜色】设置为 R107、G107、B107，其他参数如图 3-87 所示，设置好后单击【确定】按钮，效果如图 3-38 所示。

图3-87 【图层样式】对话框

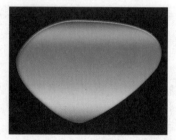

图3-88 添加【图层样式】后的效果

STEP 15 在【图层】面板中双击"图层2"，弹出【图层样式】对话框，在左边栏中单击【投影】选项，在右边栏中设置所需的参数如图3-89所示。

图3-89 【图层样式】对话框

STEP 16 在【图层样式】对话框左边栏中单击【内发光】选项，在右边栏中将【内发光颜色】设置为R18、G42、B144，其他具体参数如图3-90所示。

图3-90 【图层样式】对话框

STEP 17 在【图层样式】对话框左边栏中单击【斜面和浮雕】选项，在右边栏中设置所需的参数，如图3-91所示。

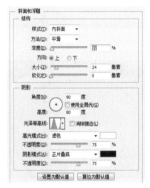

图3-91 【图层样式】对话框

STEP 18 在【图层样式】对话框左边栏中单击【渐变叠加】选项，在右边栏中单击可编辑渐变条，弹出【渐变编辑器】对话框，在其中设定渐变如图3-92所示，单击【确定】按钮，返回到【图层样式】对话框中对其他选项进行设置，具体参数如图3-93所示。

图3-92 【渐变编辑器】对话框

图3-93 【图层样式】对话框

说明
左边色标的颜色为R147、G147、B158，中间色标的颜色为R109、G109、B118，右边色标的颜色为白色。

STEP 19 在【图层样式】对话框左边栏中单击【图案叠加】选项，在右边栏中设置所需的参数如图3-94所示。

提示
如果在【图案】弹出式调板中找不到该图案，请从素材库中打开"定义图案.psd"文件，再将其定义为图案即可使用。

图3-94 【图层样式】对话框

STEP 20 在【图层样式】对话框左边栏中单击【描边】选项，在右边栏中设置所需的参数如图3-95 所示，设置好后单击【确定】按钮，效果如图 3-96 所示。

图3-95 【图层样式】对话框

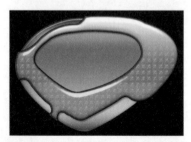

图3-96 添加【图层样式】后的效果

STEP 21 在【图层】面板中复制"图层 1"为"图层 1 副本"，显示【路径】面板，在其中新建"路径 2"，在工具箱中选择【钢笔工具】，在画面上分别勾画出如图 3-97 所示的路径。

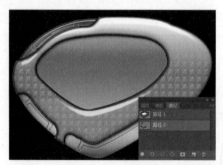

图3-97 绘制路径

STEP 22 按住【Ctrl】键单击"路径 2"，使路径载入选区，如图 3-98 所示；按【Delete】键删除选区内容，按【Ctrl + D】键取消选择，效果如图 3-99 所示。

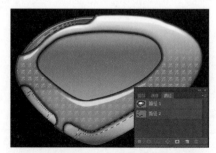

图3-98 使路径载入选区

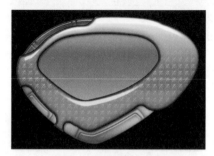

图3-99 删除选区内容

STEP 23 在【路径】面板中新建"路径 3"，在工具箱中选择【钢笔工具】，在画面上分别勾画出如图 3-100 所示的路径；按住【Ctrl】键用鼠标单击"路径 3"，使路径载入选区，如图 3-101 所示。

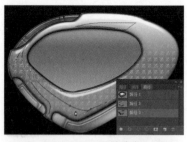

图3-100 绘制路径

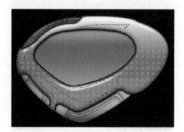

图3-101 使路径载入选区

STEP 24 将前景色设置为 R150、G6、B6，在【图层】面板中激活"图层 2"，再新建"图层 3"，然后按【Alt + Delete】填充前景色，在【图层】面板中将"图层 3"的【混合模式】设置为强光，按【Ctrl + D】键取消选择，如图 3-102 所示。

图3-102 设置【混合模式】后的效果

STEP 25 在【路径】面板中新建"路径 4"，在工具箱中选择【钢笔工具】，在画面上分别勾画出如图 3-103 所示的路径。

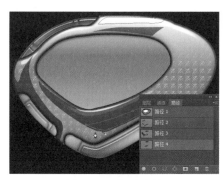

图3-103 勾画路径

STEP 26 按住【Ctrl】键用鼠标单击"路径 4"，使路径载入选区；显示【图层】面板，按【Delete】键删除选区内容，如图 3-104 所示。

图3-104 删除选区内容

STEP 27 在【图层】面板中单击"图层 2"，使它为当前图层，按【Delete】键删除选区内容，效果如图 3-105 所示。

图3-105 删除选区内容

STEP 28 在【图层】面板中新建一个图层为"图层 4"，将"图层 4"拖动到"图层 2"的下层，如图 3-106 所示。

图3-106 【图层】面板

STEP 29 将前景色设置为 R67、G67、B67，按【Alt + Delete】键填充前景色，再按【Ctrl + D】键取消选择，如图 3-107 所示。

图3-107 填充颜色

STEP 30 将前景色分别设置为 R36、G36、B36 和 R87、G87、B87，在工具箱中选择直线工具，在选项栏中选择像素，在画面上用两种前景色分别间隔绘制拖出如图3-108所示的线段。

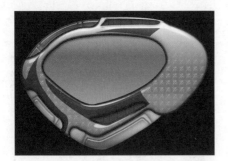

图3-108　绘制线段

STEP 31 在【路径】面板中单击"路径1"，显示路径，按【Ctrl】键选择如图3-109所示的路径，在面板底部单击【将路径作为选区载入】按钮，使所选路径载入选区。

图3-109　将路径作为选区载入

STEP 32 在【路径】面板空当处单击隐藏路径，显示【图层】面板，在其中新建"图层5"，将前景色设置为R145、G4、B4，按【Alt + Delete】键填充前景色，按【Ctrl + D】键取消选择，如图3-110所示。

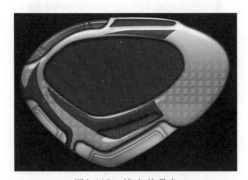

图3-110　填充前景色

STEP 33 从配套光盘的素材库中打开网纹素材，

如图3-111所示，将它拖到画面中，成为"图层6"，如图3-112所示。

图3-111　打开的文件

图3-112　移动并复制网纹

STEP 34 按住【Ctrl】键单击"图层5"的缩览图，使"图层5"的内容载入选区，如图3-113所示；再在面板底部单击【添加图层蒙版】按钮，给"图层6"添加图层蒙版，如图3-114所示。

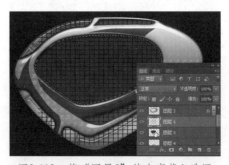

图3-113　将"图层5"的内容载入选区

图3-114　【添加图层蒙版】后的效果

STEP 35 在【图层】面板中将"图层6"的【不透明度】设置为28%，【混合模式】设置为柔光，如图3-115所示。

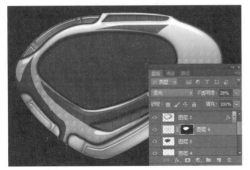

图3-115 设置【不透明度】和【混合模式】后的效果

STEP 36 在【路径】面板中新建"路径5"，在工具箱中选择【钢笔工具】，在画面上分别勾画出如图3-116所示的路径。

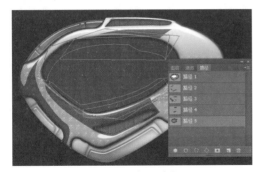

图3-116 勾画路径

STEP 37 按住【Ctrl】键选择如图3-117所示的路径，在【路径】面板底部单击【将路径作为选区载入】按钮，使所选路径载入选区；将前景色设置为黑色，在【图层】面板中新建"图层7"，按【Alt + Delete】键填充黑色。

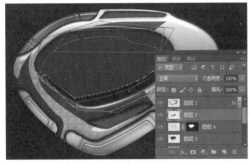

图3-117 填充黑色

STEP 38 在【图层】面板中将"图层7"的【不透明度】设置为50%，效果如图3-118所示。

图3-118 设置【不透明度】后的效果

STEP 39 将前景色设置为R128、G128、B128，按住【Ctrl】键用鼠标选择如图3-119所示的路径，在【路径】面板底部单击【将路径作为选区载入】按钮，使所选路径载入选区；在【图层】面板中新建"图层8"，按【Alt + Delete】键填充前景色。

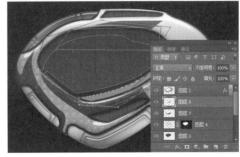

图3-119 将路径作为选区载入

STEP 40 在【图层】面板中将"图层8"的【不透明度】设置为50%，效果如图3-120所示。

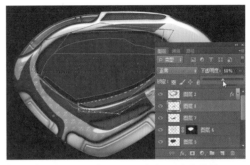

图3-120 设定【不透明度】后的效果

STEP 41 将前景色设置为黑色，按住【Ctrl】键用鼠标选择如图 3-121 所示的路径，在【路径】面板底部单击【将路径作为选区载入】按钮，使所选路径载入选区；在【图层】面板中新建"图层 9"，按【Alt + Delete】键填充前景色；在【图层】面板中将"图层 9"的【不透明度】设置为 50%，效果如图 3-122 所示。

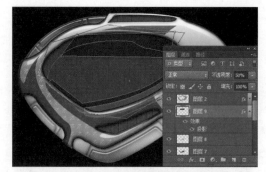

图3-124　添加【投影】后的效果

STEP 43 将前景色设置为黑色，按住【Ctrl】键选择如图 3-125 所示的路径，在【路径】面板底部单击【将路径作为选区载入】按钮，使所选路径载入选区；在【图层】面板中新建"图层 10"，按【Alt + Delete】键填充前景色。

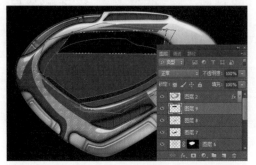

图3-121　将路径作为选区载入

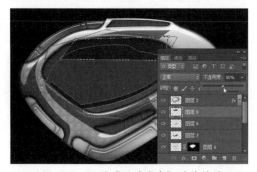

图3-122　设置【不透明度】后的效果

STEP 42 在【图层】面板中双击"图层 9"，弹出【图层样式】对话框，在其中左边栏单击【投影】选项，然后在右边栏中设置所需的参数如图 3-123 所示，单击【确定】按钮，效果如图 3-124 所示。

图3-125　将路径作为选区载入

STEP 44 在【图层】面板中选中"图层 9"，在菜单中执行【图层】→【图层样式】→【拷贝图层样式】命令，在【图层】面板中选中"图层 10"，然后在菜单中执行【图层】→【图层样式】→【粘贴图层样式】命令，将"图层 9"的图层样式复制到"图层 10"中，如图 3-126 所示。

图3-123　【图层样式】对话框

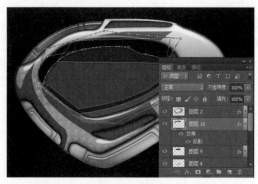

图3-126　【粘贴图层样式】后的效果

STEP 45 在【路径】面板中新建"路径6"，在工具箱中选择【椭圆工具】，在选项栏中单击【路径】按钮，在画面上分别绘出如图3-127所示的四个圆路径。

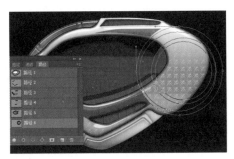

图3-127 绘制路径

STEP 46 将前景色设置为R128、G128、B128，按住【Ctrl】键选择如图3-128所示的路径，在【路径】面板底部单击【将路径作为选区载入】按钮，使所选路径载入选区；在【图层】面板中新建"图层11"，并将"图层11"拖到"图层2"的上面，按【Alt+Delete】键填充前景色。

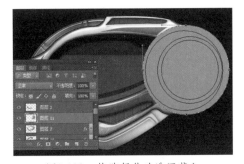

图3-128 将路径作为选区载入

STEP 47 用与"步骤44"相同的方法将"图层2"的图层样式复制到"图层11"，如图3-129所示；在【图层】面板中单击"图层11"效果栏中的"图案叠加"效果左边的眼睛图标将其隐藏，效果如图3-130所示。

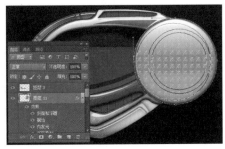

图3-129 复制图层样式后的效果

图3-130 关闭"图案叠加"效果

STEP 48 在【图层】面板中按Ctrl键用鼠标单击图层5，将图层5的内容载入选区，如图3-131所示。

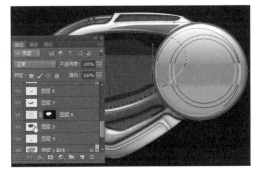

图3-131 将"图层5"的内容载入选区

STEP 49 显示【路径】面板，在其空当区域单击，隐藏路径；按【Delete】键删除选区内容，效果如图3-132所示。

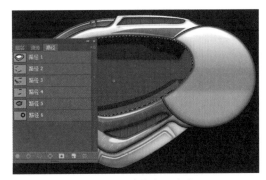

图3-132 删除选区内容

STEP 50 在【路径】面板中单击"路径6"，显示路径，按【Ctrl】键选择如图3-133所示的路径，在【路径】面板底部单击【将路径作为选区载入】按钮，使所选路径载入选区。

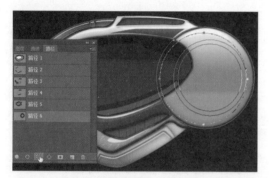

图3-133 将路径作为选区载入

STEP 51 将前景色设置为R145、G4、B4，显示【图层】面板，在其中新建"图层12"，按【Alt + Delete】键填充前景色，如图3-134所示。

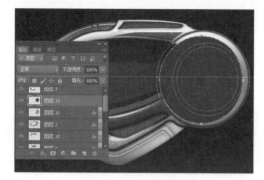

图3-134 填充前景色

STEP 52 隐藏路径显示，在【图层】面板中按住【Ctrl】键用鼠标单击"图层5"的缩览图，将"图层5"的内容载入选区，如图3-135所示。

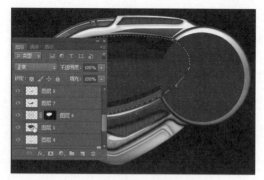

图3-135 将"图层5"的内容载入选区

STEP 53 在菜单中执行【选择】→【修改】→【扩展】命令，在弹出的对话框中将【扩展量】设置为5像素，如图3-136所示，单击【确定】按钮，按【Delete】键删除，再按【Ctrl + D】键

取消选择，效果如图3-137所示。

图3-136 【扩展选区】对话框

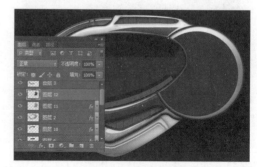

图3-137 删除后的效果

STEP 54 在【路径】面板中单击"路径6"，显示路径，按住【Ctrl】键选择如图3-138所示的路径，在【路径】面板底部单击【将路径作为选区载入】按钮，使所选路径载入选区。

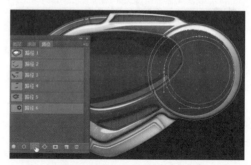

图3-138 将路径作为选区载入

STEP 55 将前景色设置为R128、G128、B128，在【图层】面板中新建"图层13"，按【Alt + Delete】键填充前景色，如图3-139所示。

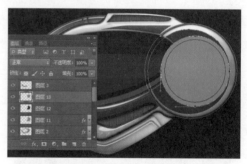

图3-139 填充前景色

STEP 56 用与"步骤 44"相同的方法将"图层 11"的图层样式复制给"图层 13",如图 3-140 所示。

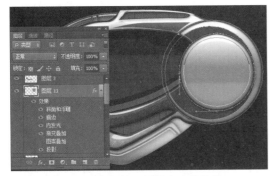

图3-140　复制图层样式后的效果

STEP 57 在【路径】面板中单击"路径 6",显示路径,按住【Ctrl】键选择如图 3-141 所示的路径,在【路径】面板底部单击【将路径作为选区载入】按钮,使所选路径载入选区。

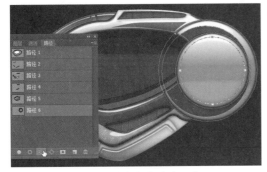

图3-141　将路径作为选区载入

STEP 58 将前景色设置为 R128、G128、B128,在【图层】面板中新建"图层 14",按【Alt + Delete】键填充前景色,如图 3-142 所示。

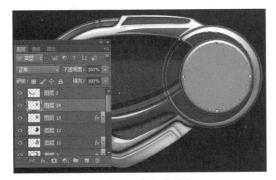

图3-142　填充前景色

STEP 59 用与"步骤 44"相同的方法将"图层 13"的图层样式复制给"图层 14",如图 3-143 所示。

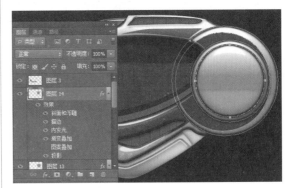

图3-143　复制图层样式后的效果

STEP 60 在【图层】面板中双击"图层 14",弹出【图层样式】对话框,在其左边栏中单击【颜色叠加】选项,在右边栏中将【颜色】设置为 R127、G7、B7,如图 3-144 所示,单击【确定】按钮,效果如图 3-145 所示。

图3-144　【图层样式】对话框

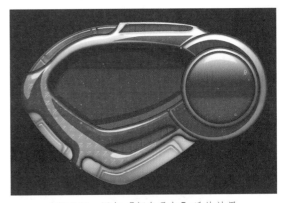

图3-145　添加【颜色叠加】后的效果

STEP 61 从配套光盘的素材库中打开人物素材图片,将它拖到画面中的适当位置,如图 3-146 所示。

Photoshop CS6

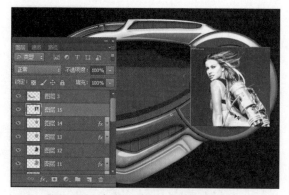

图3-146 打开图片并复制到适当位置

STEP 62 在【图层】面板中按住【Ctrl】键单击
"图层14"的缩览图，将图层14的内容载入选
区，如图3-147所示；在面板底部单击【添加图
层蒙版】按钮，给"图层15"添加图层蒙版，
效果如图3-148所示。

图3-147 将"图层14"的内容载入选区

图3-148 【添加图层蒙版】后的效果

STEP 63 在【图层】面板中将"图层15"的

【不透明度】设置为40%，【混合模式】设置为
柔光，如图3-149所示。

图3-149 设置【不透明度】及【混合模式】后的效果

STEP 64 从工具箱中选择相应的形状工具，在画
面上分别绘制出如图3-150所示的图形。

图3-150 绘制图形

STEP 65 从配套光盘的素材库中打开素材图标，
将它拖到画面中来，并摆放到如图3-151所示的
位置。

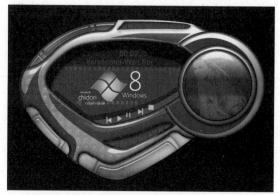

图3-151 打开图标并复制到适当位置

STEP 66 在【路径】面板中新建"路径7"，在工具箱中选择【钢笔工具】，在画面上勾画出如图 3-152 所示的路径。

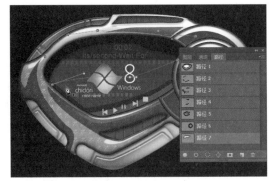

图3-152　勾画路径

STEP 67 按住【Ctrl】键用鼠标单击"路径7"，将路径作为选区载入，显示【图层】面板，在其中新建"图层19"，如图 3-153 所示。

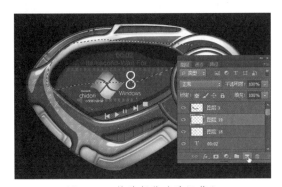

图3-153　将路径作为选区载入

STEP 68 将前景色设置为白色，在工具箱中选择【渐变工具】，在选项栏中选择【线性渐变】按钮，在渐变拾色器中选择前景到透明渐变，如图 3-154 所示，在画面上向左上方拖动，效果如图 3-155 所示。

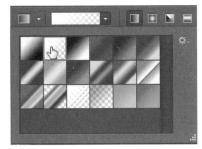

图3-154　渐变拾色器

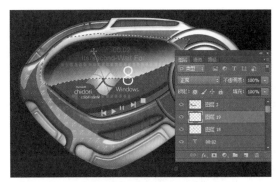

图3-155　进行渐变填充

STEP 69 在【图层】面板中按住【Ctrl】键单击"图层5"的缩览图，使"图层5"的内容载入选区，如图 3-156 所示；在面板底部单击【添加图层蒙版】按钮，给"图层19"添加图层蒙版，如图 3-157 所示。

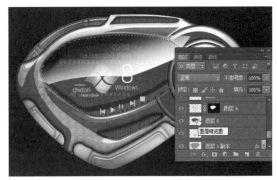

图3-156　将"图层5"的内容载入选区

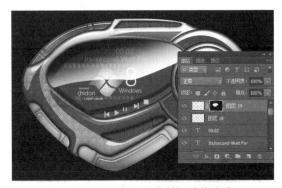

图3-157　【添加图层蒙版】后的效果

STEP 70 在【图层】面板中按住【Ctrl】键单击"图层13"缩览图，使"图层13"的内容载入选区，如图 3-158 所示；将前景色设置为黑色，按【Alt + Delete】键填充前景色，如图 3-159 所示。

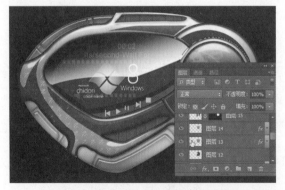

图3-158　将"图层13"的内容载入选区

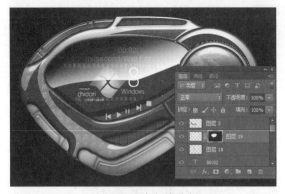

图3-159　填充前景色

STEP 71 按【Ctrl + D】键取消选择，在【图层】面板中将"图层19"的【不透明度】设置为35%，效果如图3-160所示。

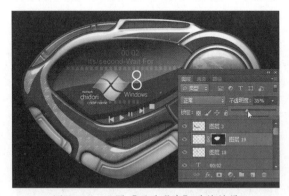

图3-160　设置【不透明度】后的效果

STEP 72 在【图层】面板中新建"图层20"，在工具箱中选择【椭圆选框工具】，再在画面上绘制出如图3-161所示的椭圆选区。在工具箱中选择【渐变工具】，在画面上向左上方拖动，效果如图3-162所示。

图3-161　拖出椭圆选区

图3-162　进行渐变填充

STEP 73 在【图层】面板中将"图层20"的【不透明度】设置为20%，效果如图3-163所示。

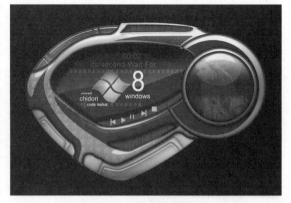

图3-163　最终效果

实例25 购物系统登录界面设计

实例效果图

STEP 01 按【Ctrl + N】键弹出【新建】对话框，将【宽度】设置为1000像素，【高度】设置为610像素，【分辨率】设置为72像素/英寸，【颜色模式】设置为RGB颜色，【背景内容】设置为白色，设置好后单击【确定】按钮，新建一个文档。

STEP 02 将前景色设置为#02609c，背景色设置为#02395f，选择【渐变工具】，在选项栏的渐变拾色器中选择前景色到背景色渐变，如图3-164所示，在画面中进行拖动，效果如图3-165所示。

图3-164 渐变拾色器

图3-165 给画面进行渐变填充

STEP 03 在工具箱中选择【圆角矩形工具】，在选项栏中选择形状，【填充】为白色，在几何选项面板中选择固定大小，设置所需的值，如图3-166所示，在画面中绘制出一个圆角矩形，如图3-167所示。

图3-166 几何选项面板

图3-167 绘制圆角矩形

STEP 04 在【图层】菜单中执行【图层样式】→【渐变叠加】命令，弹出【图层样式】对话框，在其中设置所需的参数，如图3-168所示，效果如图3-169所示。

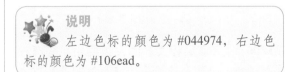

说明
左边色标的颜色为#044974，右边色标的颜色为#106ead。

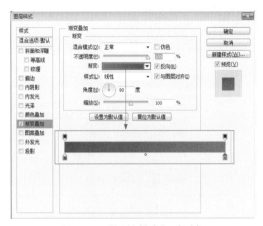

图3-168 【图层样式】对话框

图3-169　添加【渐变叠加】后的效果

STEP 05 在【图层样式】的左边栏中单击【描边】选项，在右边栏中将颜色设置为#206ea4，【大小】设置为1像素，【位置】设置为内部，其他不变，如图 3-170 所示，此时的画面效果如图 3-171 所示。

图3-170　【图层样式】对话框

图3-171　添加【描边】后的效果

STEP 06 在【图层样式】的左边栏中单击【投影】选项，再在右边栏中将【不透明度】设置为26%，【距离】设置为0像素，【大小】设置为5像素，其他不变，如图 3-172 所示，设置好后单击【确定】按钮，效果如图 3-173 所示。

图3-172　【图层样式】对话框

图3-173　添加【投影】后的效果

STEP 07 在工具箱中选择【矩形工具】，并在选项栏中将参数设置为 ▢▾ 形状 填充: ▢ 描边: ✏ ，在画面中适当位置绘制出一个矩形，如图 3-174 所示。

图3-174　绘制一个矩形

STEP 08 在【图层】菜单中执行【图层样式】→【渐变叠加】命令，弹出【图层样式】对话框，在其中设置所需的参数，如图 3-175 所示，效果如图 3-176 所示。

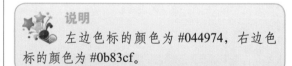

> **说明**
> 左边色标的颜色为 #044974，右边色标的颜色为 #0b83cf。

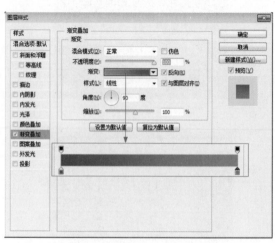

图3-175　【图层样式】对话框

图3-176　添加【渐变叠加】后的效果

STEP 09 在【图层样式】的左边栏中单击【内阴影】选项，在右边栏中将【不透明度】设置为42%，【距离】设置为0像素，【大小】设置为2像素，其他不变，如图 3-177 所示，设置好后单击【确定】按钮，效果如图 3-178 所示。

图3-177　【图层样式】对话框

图3-178　添加【内阴影】后的效果

STEP 10 用矩形工具在画面中绘制一个白色的矩形，如图 3-179 所示。

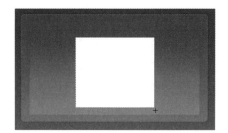

图3-179　绘制一个矩形

STEP 11 在【图层】菜单中执行【图层样式】→【渐变叠加】命令，弹出【图层样式】对话框，在其中设置所需的参数，如图 3-180 所示，效果如图 3-181 所示。

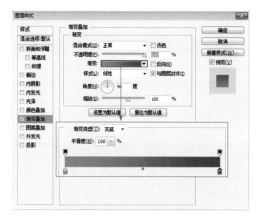

图3-180　【图层样式】对话框

图3-181　添加【渐变叠加】后的效果

> **说明**
> 左边色标的颜色为 #1588d0，右边色标的颜色为 #024067。

STEP 12 在【图层样式】的左边栏中单击【描边】选项，在右边栏中将【颜色】设置为白色，【大小】设置为1像素，【位置】设置为内部，【不透明度】为17%，其他不变，如图 3-182 所示，设置好后单击【确定】按钮，效果如图 3-183 所示。

图3-182　【图层样式】对话框

图3-183 添加【描边】后的效果

STEP 13 用【矩形工具】在画面中绘制一个白色的矩形，如图 3-184 所示。

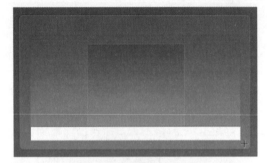

图3-184 绘制一个矩形

STEP 14 在【图层】菜单中执行【图层样式】→【渐变叠加】命令，弹出【图层样式】对话框，在其中设置所需的参数，如图 3-185 所示，设置好后单击【确定】按钮，效果如图 3-186 所示。

> **说明**
> 左边色标的颜色为 #0d69a3，右边色标的颜色为 #027cc2。

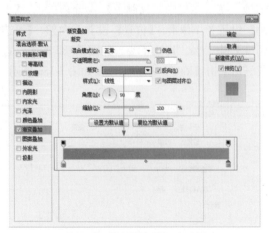

图3-185 【图层样式】对话框

图3-186 添加【渐变叠加】后的效果

STEP 15 在【图层】面板中单击【创建新图层】按钮，新建一个图层，如图 3-187 所示；在工具箱中选择【椭圆选框工具】 ，在选项栏中将参数设置为 ，前景色设置为 #18bbff，在画面中拖出如图 3-188 所示的椭圆选区，按【Alt + Del】键填充前景色，效果如图 3-189 所示。

图3-187 【图层】面板

图3-188 拖出椭圆选区

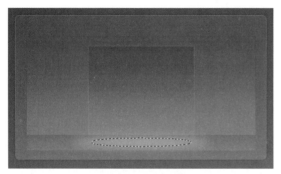

图3-189　填充前景色

STEP 16 在工具箱中选择【矩形选框工具】，在
画面中拖出一个矩形选框，按【Delete】键将选
区内容删除，效果如图 3-190 所示。

图3-190　将选区内容删除

STEP 17 在【图层】面板中单击【创建新图层】
按钮，新建一个图层，如图 3-191 所示，将前景
色设置为白色，在工具箱中选择【直线工具】，
在选项栏中选择像素，将【粗细】设置为 1 像
素，在画面中绘制一条直线，如图 3-192 所示。

图3-191　【图层】面板

图3-192　绘制一条直线

STEP 18 再用椭圆选框工具绘制一个羽化后的椭
圆选框，如图 3-193 所示，接着在【图层】面板
中单击【添加图层蒙版】按钮，如图 3-194 所示，
由选区建立图层蒙版，以得到如图 3-195 所示。

图3-193　绘制一个椭圆选框

图3-194　【图层】面板

图3-195　【添加图层蒙版】后的效果

STEP 19 在【图层】面板中将【不透明度】设置为 30%，如图 3-196 所示，效果如图 3-197 所示。

图3-196 【图层】面板

图3-197 降低不透明度后的效果

STEP 20 按【Ctrl + E】键向下合并图层，将"图层 2"与"图层 1"合并为一个图层，如图 3-198 所示。

图3-198 【图层】面板

STEP 21 在工具箱中选择【钢笔工具】，在选项栏中将参数设置为 ◆▾ 形状 填充: ▾ 描边: ◢ ，在

画面中绘制一个梯形，如图 3-199 所示。

图3-199 绘制一个梯形

STEP 22 在【图层】菜单中执行【图层样式】→【渐变叠加】命令，弹出【图层样式】对话框，在其中设置所需的参数，如图 3-200 所示，效果如图 3-201 所示。

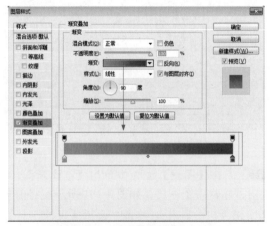

图3-200 【图层样式】对话框

图3-201 添加【渐变叠加】后的效果

> **说明**
> 左边色标的颜色为 #278ed2，右边色标的颜色为 #05386c。

STEP 23 在【图层样式】的左边栏中单击【描

边】选项,在右边栏中将【颜色】设置为
#1a5189,【大小】设置为1像素,【位置】设置
为内部,其他不变,如图3-202所示,设置好后
单击【确定】按钮,效果如图3-203所示。

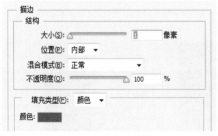

图3-202 【图层样式】对话框

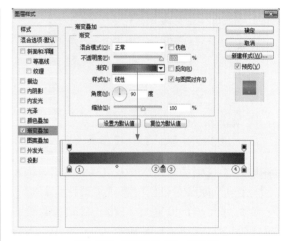

图3-205 【图层样式】对话框

图3-203 添加【描边】后的效果

STEP 24 用【钢笔工具】在画面中绘制一个图
形,如图3-204所示;在【图层】菜单中执行
【图层样式】→【渐变叠加】命令,弹出【图层
样式】对话框,在其中设置所需的参数,如图
3-205所示,效果如图3-206所示。

说明
色标①的颜色为#013c5e,色标②的
颜色为#1f7bca,色标③的颜色为#2b89da,
色标④的颜色为#002e4c。

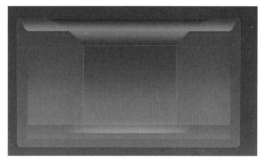

图3-206 添加【渐变叠加】后的效果

STEP 25 在【图层样式】的左边栏中单击【投
影】选项,在右边栏中将【不透明度】设置为
35%,【距离】设置为1像素,【大小】设置为8
像素,其他不变,如图3-207所示,效果如图
3-208所示。

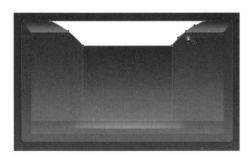

图3-204 绘制图形

图3-207 【图层样式】对话框

图3-208 添加【投影】后的效果

STEP 26 在【图层样式】的左边栏中单击【内发光】选项，再在右边栏中将【不透明度】设置为40%，【大小】设置为7像素，【颜色】设置为#1d70b8，其他不变，如图3-209所示，设置好后单击【确定】按钮，效果如图3-210所示。

图3-209 【图层样式】对话框

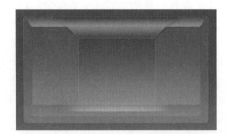

图3-210 添加【内发光】后的效果

STEP 27 用【钢笔工具】在画面中绘制一个图形，如图3-211所示。

图3-211 绘制图形

STEP 28 在【图层】面板中右击"形状2"图层，在弹出的快捷菜单中执行【拷贝图层样式】命令，如图3-212所示；右击"形状3"图层，在弹出的快捷菜单中执行【粘贴图层样式】命令，如图3-213所示，可将"形状2"中的图层样式复制到"形状3"图层中，效果如图3-214所示。

图3-212 【图层】面板　　图3-213 【图层】面板

图3-214 【粘贴图层样式】后的效果

STEP 29 在【图层】菜单中执行【图层样式】→【渐变叠加】命令，弹出【图层样式】对话框，在其中设置所需的参数，如图3-215所示，效果如图3-216所示。

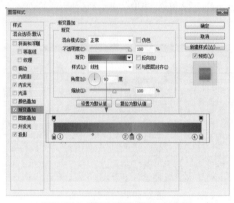

图3-215 【图层样式】对话框

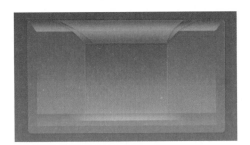

图3-216　添加【渐变叠加】后的效果

> **说明**
>
> 色标①的颜色为 #04486e，色标②的颜色为 #1f7bca，色标③的颜色为 #2b89da，色标④的颜色为 #014670。

STEP 30　在【图层】面板中激活"图层1"，按【Ctrl＋J】键复制一个副本，如图 3-217 所示；在【图层】面板中将副本拖动到最顶层，如图 3-218 所示；在画面中将其拖动到上方的适当位置，如图 3-219 所示。

图3-217　【图层】面板　　图3-218　【图层】面板

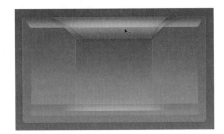

图3-219　调整图层顺序后的效果

STEP 31　按【Ctrl＋T】键执行【自由变换】命令，对副本进行大小调整，效果如图 3-220 所示；调整好后在变换框中双击确认变换。

图3-220　执行【自由变换】调整

STEP 32　在工具箱中选择【钢笔工具】，在选项栏中将参数设置为 ●形状▼ 填充：■ 描边：■ 1.5点 ，在画面中绘制一条曲线，如图 3-221 所示；在【图层】面板中单击【创建新图层】按钮，新建一个图层，如图 3-222 所示；按住【Shift】键单击"形状4"，以同时选择"图层2"和"形状4"两个图层，如图 3-223 所示；再按【Ctrl＋E】键将它们合并为一个图层，效果如图 3-224 所示。

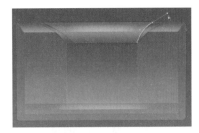

图3-221　绘制一条曲线

图3-222　【图层】面板

图3-223　【图层】面板　　图3-224　【图层】面板

STEP 33 在工具箱中选择【椭圆选框工具】，在选项栏中将【羽化】设置为 15 像素，在画面中曲线上绘制一个椭圆选框，如图 3-225 所示。

图3-225　绘制一个椭圆选框

STEP 34 在【图层】面板中单击【添加图层蒙版】按钮，如图 3-226 所示，由选区建立图层蒙版，效果如图 3-227 所示。按【Ctrl + J】键复制一个副本，在菜单中执行【变换】→【水平翻转】命令，然后按住【Shift】键将其拖动到左边适当位置，效果如图 3-228 所示。

图3-226　【图层】面板

图3-227　【添加图层蒙版】后的效果

图3-228　【水平翻转】后的效果

STEP 35 在工具箱中选择【横排文字工具】，在选项栏中将参数设置为 ，在画面中适当位置单击并输入所需的文字，如图 3-229 所示；在选项栏中单击 按钮，确认文字输入。

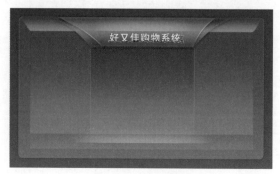

图3-229　输入文字

STEP 36 用与"步骤 35"相同的方法再输入所需的文字，效果如图 3-230 所示。

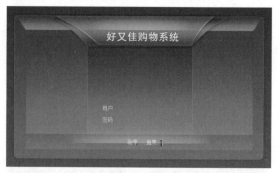

图3-230　输入文字

STEP 37 在【图层】菜单中执行【图层样式】→【描边】命令，弹出【图层样式】对话框，在其中设置所需的参数，如图 3-231 所示，设置好后单击【确定】按钮，效果如图 3-232 所示。

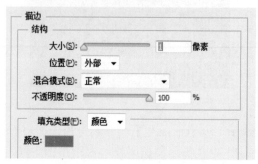

图3-231　【图层样式】对话框

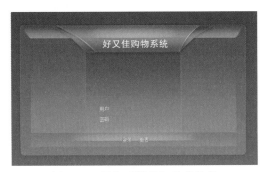

图3-232　添加【描边】后的效果

STEP 38 在工具箱中选择【矩形工具】,并在选项栏中将参数设置为 █████████ ,将【填充】设置为 #32a2e3,【描边】设置为 #0468a7,在画面中绘制出一个矩形,以表示要输入密码的文本框,如图 3-233 所示。

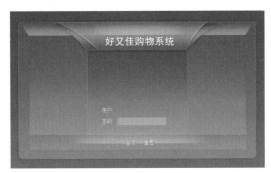

图3-233　绘制一个矩形

STEP 39 在工具箱中选择【移动工具】,按【Alt + Shift】键将其向上拖动到适当位置,以复制一个副本,效果如图 3-234 所示。

图3-234　移动并复制矩形

STEP 40 在【图层】面板中单击【创建新图层】按钮,新建一个图层,如图 3-235 所示;将前景色设置为 #0c628a,选择【直线工具】,在选项栏中选择像素,在画面中绘制一条竖线,如图 3-236 所示;将前景色设置为 #2e8bc3,在竖线的右边绘制一条竖线,效果如图 3-237 所示。

图3-235　【图层】面板

图3-236　绘制竖线　　　图3-237　绘制竖线

STEP 41 在工具箱中选择【移动工具】,按【Alt+Shift】键将刚绘制的竖线向右拖动到适当位置,以复制一个副本,如图 3-238 所示;按【Alt+Shift】键向右拖动一次,再复制一个副本,效果如图 3-239 所示。

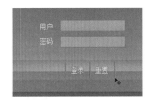

图3-238　移动并复制对象　图3-239　移动并复制对象

STEP 42 按住【Shift】键在【图层】面板中单击"图层 4",以同时选择"图层 4"、"图层 4 副本"及"图层 4 副本 2"三个图层,如图 3-240 所示,按【Ctrl + E】键将其合并为一个图层,如图 3-241 所示;在工具箱中选择【矩形选框工具】,在选项栏中将参数设置为 █████████ ,然后在画面中绘制一个选区,如图 3-242 所示。

图3-240 【图层】面板　　　图3-241 【图层】面板

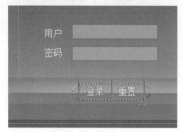

图3-242 绘制一个选区

STEP 43 在【图层】面板中单击【添加图层蒙版】按钮，由选区建立图层蒙版，如图 3-243 所示，效果如图 3-244 所示。

图3-243 【图层】面板

图3-244 【添加图层蒙版】后的效果

STEP 44 从配套光盘的素材库中打开素材图片，用【移动工具】将图片拖动到画面中，并摆放到适当位置，如图 3-245 所示。

图3-245 打开图片并复制到适当位置

STEP 45 按住【Ctrl】键在【图层】面板中单击"矩形 1"形状图层，使它载入选区，如图 3-246 所示。

图3-246 将"矩形 1"的内容载入选区

STEP 46 在【图层】面板中单击【添加图层蒙版】按钮，由选区建立图层蒙版，如图 3-247 所示。

图3-247 【添加图层蒙版】后的效果

STEP 47 从配套光盘的素材库中打开素材图片，用【移动工具】将图片拖动到画面中，并摆放到适当位置，如图 3-248 所示。

图3-248 打开图片并复制到适当位置

STEP 48 用【横排文字工具】在画面中适当位置分别输入所需的文字，根据需要设置字体、字体大小与文本颜色，效果如图3-249所示。

图3-249 输入文字

STEP 49 按住【Ctrl】键在【图层】面板中单击要选择的文字图层，如图3-250所示；选择【移动工具】，在选项栏中单击【水平居中分布】按钮，效果如图3-251所示。

图3-250 【图层】面板

图3-251 水平居中分布后的效果

STEP 50 用【椭圆工具】在画面中绘制出两个白色小圆形，如图3-252所示。

图3-252 绘制白色小圆形

STEP 51 从配套光盘的素材库中打开素材图片，用【移动工具】将图片拖动到画面中，并摆放到适当位置，如图3-253所示。

图3-253 打开图片并复制到适当位置

STEP 52 在【图层】面板中单击【创建新图层】按钮，新建一个图层，如图3-254所示；将前景色设置为#8db2cb，选择【矩形工具】，在选项栏中选择像素，在画面中绘制出一个矩形，效果如图3-255所示。

图3-254 【图层】面板

图3-255　绘制矩形

STEP 53 在工具箱中选择【矩形选框工具】，在选项栏中将参数设置为 [   ]，在画面中绘制出一个选框，如图3-256所示。

图3-256　绘制选框

STEP 54 在【图层】面板中单击【添加图层蒙版】按钮，如图3-257所示，由选区建立图层蒙版，效果如图3-258所示。

图3-257　【图层】面板

图3-258　【添加图层蒙版】后的效果

STEP 55 在【图层】菜单中执行【图层样式】→【渐变叠加】命令，弹出【图层样式】对话框，设置所需的参数，如图3-259所示，设置好后单击【确定】按钮，效果如图3-260所示。

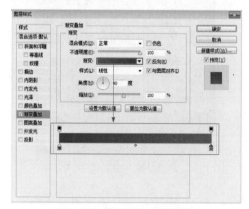

图3-259　【图层样式】对话框

图3-260　添加【渐变叠加】后的效果

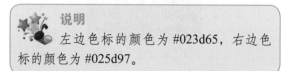

说明

左边色标的颜色为 #023d65，右边色标的颜色为 #025d97。

STEP 56 用【直线工具】在背景上绘制一条白色线条，进行羽化后添加蒙版，效果如图3-261所示。

图3-261　最终效果

实例26　格式转换软件界面设计

实例效果图

STEP 01 按【Ctrl + N】键弹出【新建】对话框，将【宽度】设置为650像素，【高度】设置为450像素，【分辨率】设置为96像素/英寸，【颜色模式】设置为RGB颜色，【背景内容】设置为白色，设置好后单击【确定】按钮，新建一个文档。

STEP 02 将前景色设置为R225、G225、B225，在【图层】面板单击【创建新图层】按钮，新建"图层1"，如图3-262所示，在工具箱中选择【圆角矩形工具】■，在选项栏中选择像素，将【半径】设置为10像素，在新建的文件中绘制一个如图3-263所示的圆角矩形。

图3-262 【图层】面板　　图3-263　绘制圆角矩形

STEP 03 在【图层】面板中双击"图层1"，弹出【图层样式】对话框，在其左边栏中单击【描边】选项，在右边的【描边】栏中设置所需的参数，如图3-264所示，效果如图3-265所示。

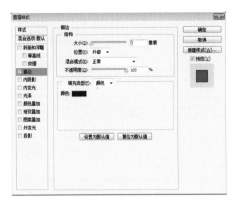

图3-264 【图层样式】对话框

图3-265　添加【描边】后的效果

STEP 04 在【图层样式】对话框的左边栏中单击【内发光】选项，在右边的【内发光】栏中进行参数设置，如图3-266所示，设置好后单击【确定】按钮，效果如图3-267所示。

图3-266 【图层样式】对话框

图3-267　添加【内发光】后的效果

STEP **05** 将前景色设置为白色，在【图层】面板中单击【创建新图层】按钮，新建"图层2"，用【圆角矩形工具】在画面上绘制一个适当大小的圆角矩形，效果如图3-268所示。

图3-268 绘制圆角矩形

STEP **06** 在【图层】面板中双击"图层2"，弹出【图层样式】对话框，在其左边栏中单击【描边】选项，在右边的【描边】栏中进行参数设置，如图3-269所示，设置好后单击【确定】按钮，效果如图3-270所示。

图3-269 【图层样式】对话框

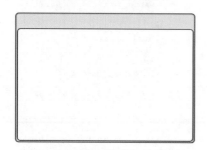

图3-270 添加【描边】后的效果

STEP **07** 从配套光盘的素材库中打开素材图片，如图3-271所示，按住【Ctrl】键将图片拖动到画面中，在【图层】面板中就会自动生成"图层3"。

图3-271 打开的图片

STEP **08** 按住【Ctrl】键在【图层】面板中单击"图层2"的图层缩览图，如图3-272所示，使"图层2"内容载入选区，如图3-273所示。

图3-272 【图层】面板

图3-273 使图层2载入选区

STEP **09** 在【图层】面板中单击【添加图层蒙版】按钮，给"图层3"添加图层蒙版，由选区建立图层蒙版，将选区外的内容隐藏，效果如图3-274所示。

图3-274 【添加图层蒙版】后的效果

STEP 10 按住【Ctrl】键在【图层】面板中单击"图层2"的图层缩览图，使"图层2"内容载入选区，如图 3-275 所示。

图3-275　使"图层2"载入选区

STEP 11 将前景色设置为黑色，在【图层】面板中单击【创建新图层】按钮，新建"图层4"，再按【Alt + Delete】键填充前景色，效果如图3-276 所示，按【Ctrl + D】键取消选择。

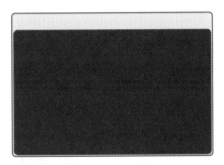

图3-276　填充前景色

STEP 12 在工具箱中选择【椭圆选框工具】，在画面中绘制一个适当大小的椭圆选框，如图3-277 所示。

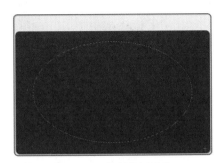

图3-277　绘制椭圆选框

STEP 13 在菜单中执行【选择】→【修改】→【羽化】命令，在弹出的【羽化选区】对话框中

将【羽化半径】设置为 50 像素，如图 3-278 所示，单击【确定】按钮，按【Delete】键删除选区内容，效果如图 3-279 所示，按【Ctrl + D】键取消选择。

图3-278　【羽化选区】对话框

图3-279　删除选区内容后的效果

STEP 14 从配套光盘的素材库中打开素材图片，如图 3-280 所示。

图3-280　打开的图片

STEP 15 用【移动工具】将图片拖到画面中，将其摆放到适当的位置，如图 3-281 所示，在【图层】面板中就会自动生成一个"图层5"。

图3-281　移动并复制图片

167

STEP 16 按住【Ctrl】键在【图层】面板中单击"图层2"的图层缩览图，使"图层2"载入选区，如图 3-282 所示，从而得到如图 3-283 所示的选区。

图3-282 【图层】面板

图3-283 使图层2载入选区

STEP 17 在【图层】面板中单击【添加图层蒙版】按钮，给"图层5"添加图层蒙版，由选区建立图层蒙版，将选区外的内容隐藏，效果如图 3-284 所示。

图3-284 【添加图层蒙版】后的效果

STEP 18 从配套光盘的素材库中打开素材如图 3-285 所示。

图3-285 打开的光盘

STEP 19 按住【Ctrl】键将图片拖动到画面中，并摆放到适当的位置，效果如图 3-286 所示。

图3-286 移动并复制光盘

STEP 20 按【Ctrl + T】键执行【自由变换】命令，显示自由变换框，按住【Ctrl】键拖动变换框右上角的控制点到适当的位置，再对其他控制点进行适当调整，如图 3-287 所示，在变换框内双击确认变换，效果如图 3-288 所示。

图3-287 执行【自由变换】调整

图3-288 【自由变换】调整后的效果

STEP 21 按住【Ctrl】键在【图层】面板中单击光盘所在图层的图层缩览图，如图 3-289 所示，使该图层载入选区，以得到如图 3-290 所示的选区。

图3-289 【图层】面板

图3-290 将光盘载入选区

STEP 22 在工具箱中选择【椭圆选框工具】，在选项栏中单击【添加到选区】按钮，在画面中的光盘内按左键拖出一个适当大小的椭圆选框，将光盘的空洞区域框住，如图3-291所示，松开左键后即可将该区域添加到选区，如图3-292所示。

图3-291 拖出椭圆选框

图3-292 添加选区

STEP 23 在【图层】面板中单击"图层5"的图层缩览图，进入标准模式编辑，如图3-293所示，按【Delete】键删除选区内容，按【Ctrl + D】键取消选择，效果如图3-294所示。

图3-293 【图层】面板

图3-294 删除选区内容

STEP 24 在【图层】面板中激活光盘所在的图层，将【不透明度】设置为30%，如图3-295所示，效果如图3-296所示。

图3-295 【图层】面板

图3-296 设置【不透明度】后的效果

STEP 25 按住【Ctrl】键在【图层】面板中单击"图层2"的图层缩览图，使"图层2"载入选区，如图3-297所示。

图3-297 使"图层2"载入选区

STEP 26 在【图层】面板中单击【添加图层蒙版】按钮，给光盘所在的图层添加图层蒙版，如图3-298所示，以将选区外的内容隐藏，效果如图3-299所示。

图3-298 【图层】面板

图3-299 【添加图层蒙版】后的效果

169

STEP 27 在【图层】面板中单击【创建新图层】按钮，新建"图层6"，将前景色设置为R100、G100、B100，选择【椭圆工具】 ，在画面中右下方绘制一个适当大小的椭圆，如图3-300所示，再绘制5个不同大小的椭圆，效果如图3-301所示。

图3-300 绘制椭圆

图3-301 绘制椭圆

STEP 28 在【图层】面板中将图层6的【不透明度】设置为50%，如图3-302所示，效果如图3-303所示。

图3-302 【图层】面板

图3-303 设置【不透明度】后的效果

STEP 29 在【图层】面板中单击【创建新图层】按钮，新建"图层7"，按【Ctrl + R】键显示标尺栏，在工具箱中选择【单行选框工具】 ，在选项栏中选择【添加到选区】按钮，在画面的下方适当位置单击创建一条单行选框，如图3-304所示，在相隔一定距离单击，添加一条单行选框，如图3-305所示。

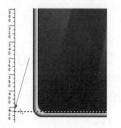
图3-304 创建单行选框　　　图3-305 创建单行选框

STEP 30 用与"步骤29"相同的方法，以相同的距离在画面中添加多条单行选框，效果如图3-306所示，按【Alt + Delete】键填充前景色，按【Ctrl + D】键取消选择，效果如图3-307所示。

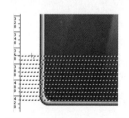 
图3-306 创建单行选框　　　图3-307 填充前景色

STEP 31 在【图层】面板中将"图层7"的【混合模式】设置为叠加，如图3-308所示，效果如图3-309所示。

图3-308 【图层】　　图3-309 设置【混合模式】后的
　　　面板　　　　　　　　　效果

STEP 32 按【Ctrl】键在【图层】面板中单击

"图层 5"的图层蒙版缩览图,如图 3-310 所示,使图层蒙版载入选区,得到如图 3-311 所示的选区。

图3-310 【图层】面板　　图3-311　将图层蒙版载入选区

STEP 33 在【图层】面板中单击【添加图层蒙版】按钮,给"图层 7"添加图层蒙版,将选区外的内容隐藏,效果如图 3-312 所示。

图3-312 【添加图层蒙版】后的效果

STEP 34 在【图层】面板中激活"图层 6",按住【Ctrl】键单击"图层 5"的图层蒙版缩览图,使图层蒙版载入选区。在【图层】面板中单击【添加图层蒙版】按钮,给"图层 6"添加图层蒙版,如图 3-313 所示,以将选区外的内容隐藏,效果如图 3-314 所示。

图3-313 【图层】面板　　图3-314 【添加图层蒙版】后的效果

STEP 35 在【图层】面板中单击【创建新图层】

按钮,新建图层 8,再将图层 8 拖到最上面,如图 3-315 所示。

图3-315 【图层】面板

STEP 36 在工具箱中选择【椭圆工具】,在画面上的椭圆内分别绘制多个相应大小的椭圆,效果如图 3-316 所示。

图3-316　绘制椭圆

STEP 37 在【图层】面板中双击"图层 8",弹出【图层样式】对话框,在其左边栏中单击【斜面和浮雕】选项,在右边的【斜面和浮雕】栏中设置所需的参数,如图 3-317 所示,效果如图 3-318 所示。

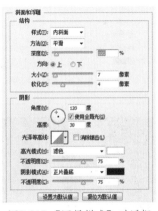

图3-317 【图层样式】对话框

图3-318 添加【斜面和浮雕】后的效果

STEP 38 在【图层样式】对话框的左边栏中单击【颜色叠加】选项,在右边的【颜色叠加】栏中将【颜色】设置为 R73、G73、B73,其他为默认值,如图 3-319 所示,设置效果如图 3-320 所示。

图3-319 【图层样式】对话框

图3-320 添加【颜色叠加】后的效果

STEP 39 在【图层样式】对话框的左边栏中单击【描边】选项,在右边的【描边】栏中设置所需的参数,如图 3-321 所示,效果如图 3-322 所示。

图3-321 【图层样式】对话框

图3-322 添加【描边】后的效果

STEP 40 在【图层样式】对话框的左边栏中单击【光泽】选项,在右边的【光泽】栏中设置所需的参数,如图 3-323 所示,单击【确定】按钮,效果如图 3-324 所示。

图3-323 【图层样式】对话框

图3-324 添加【光泽】后的效果

STEP 41 将前景色设置为白色,在【图层】面板中单击【创建新图层】按钮,新建"图层 9",用【椭圆工具】在前面绘制的椭圆上分别绘制多个相应大小的椭圆,效果如图 3-325 所示。

图3-325 绘制椭圆

STEP 42 在【图层】面板中双击"图层 9",弹出【图层样式】对话框,在其左边栏中单击【斜面和浮雕】选项,在右边的【斜面和浮雕】栏中设置所需的参数,如图 3-326 所示,效果如图 3-327 所示。

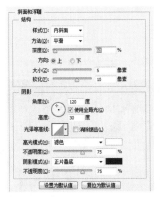

图3-326 【图层样式】对话框

图3-327 添加【斜面和浮雕】后的效果

STEP 43 在【图层样式】对话框的左边栏中单击【内阴影】选项，在右边的【内阴影】栏中设置所需的参数，如图3-328所示，单击【确定】按钮，效果如图3-329所示。

图3-328 【图层样式】对话框

图3-329 添加【内阴影】后的效果

STEP 44 在【图层】面板中单击【创建新图层】按钮，新建"图层10"，在工具箱中选择【圆角矩形工具】，在画面的上方绘制一个适当大小的圆角矩形，效果如图3-330所示。

图3-330 绘制圆角矩形

STEP 45 在【图层】面板中双击"图层10"，弹出【图层样式】对话框，在其左边栏中单击【渐变叠加】选项，在右边栏中单击渐变条，弹出【渐变编辑器】对话框，在其中设置所需的渐变，如图3-331所示，单击【确定】按钮，返回到【图层样式】对话框中，如图3-332所示，效果如图3-333所示。

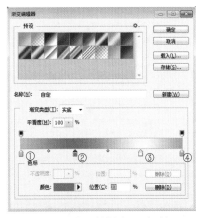

图3-331 【图层样式】对话框

图3-332 【渐变编辑器】对话框

图3-333　添加【渐变叠加】后的效果

说明

色标①的颜色为 R190、G190、B190，色标②的颜色为 R123、G123、B123、R239、G239、B239，色标④的颜色为 R173、G173、B173。

STEP 46 在【图层样式】对话框的左边栏中单击【内阴影】选项，在右边的【内阴影】栏中设置所需的参数，具体参数如图3-334所示，单击【确定】按钮，效果如图3-335所示。

图3-334　【图层样式】对话框

图3-335　添加【内阴影】后的效果

STEP 47 在【图层】面板中单击【创建新图层】按钮，新建"图层11"，选择【圆角矩形工具】

在画面上方绘制多个如图3-336所示的圆角矩形。

图3-336　绘制圆角矩形

STEP 48 在【图层】面板中右击"图层10"，接着在弹出的快捷菜单中选择【拷贝图层样式】命令，如图3-337所示，在【图层】面板中右击"图层11"，在弹出的快捷菜单中选择【粘贴图层样式】命令，效果如图3-338所示。

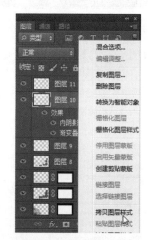

图3-337　【图层】面板

图3-338　【拷贝图层样式】后的效果

STEP 49 在【图层】面板中双击"图层11"，弹出【图层样式】对话框，在其左边栏中单击【描边】选项，在右边的【描边】栏中设置所需的参数，具体参数如图3-339所示，效果如图3-340所示。

图3-339　【图层样式】对话框

图3-340　添加【描边】后的效果

STEP 50 在【图层样式】对话框的左边栏中单击【投影】选项，在右边的【投影】栏中设置所需的参数，如图3-341所示，单击【确定】按钮，效果如图3-342所示。

图3-341　【图层样式】对话框

图3-342　添加【投影】后的效果

STEP 51 从配套光盘的素材库中打开形状素材图标，将它拖动到画面中来，摆放到适当位置，效果如图3-343所示，按住【Alt】键拖动该形状到适当的位置，以复制一个副本，并将其摆放到适当的位置，效果如图3-344所示。

图3-343　打开图标并复制到适当位置

图3-344　移动并复制图标

STEP 52 用与"步骤51"相同的方法复制一个副本，将其摆放到适当的位置，如图3-345所示，按【Ctrl + T】键执行【自由变换】命令，按住【Shift】键拖动右下角的控制点向内到适当位置，以将副本缩小，如图3-346所示，然后在变换框内双击确认变换。

图3-345　移动并复制图标

图3-346 执行【自由变换】调整

STEP 53 用与"步骤52"相同的方法再复制3个副本,调整到适当大小并移到适当位置,效果如图3-347所示。

图3-347 移动并复制图标

STEP 54 用【横排文字工具】在画面上单击并输入所需的文字,设置适当字体与字体大小,效果如图3-348所示。

图3-348 最终效果

实例27 音乐播放软件界面播放按钮设计

实例效果图

音乐播放软件界面效果图

 操作步骤

STEP 01 按【Ctrl+N】键弹出【新建】对话框,将【宽度】设置为300像素,【高度】设置为180像素,【分辨率】设置为72像素/英寸,【颜色模式】设置为RGB颜色,【背景内容】设置为白色,设置好后单击【确定】按钮,新建一个文档。

STEP 02 在工具箱中选择【渐变工具】■,在选项栏中单击渐变条,弹出【渐变编辑器】对话框,在其中设置所需的渐变,设置好后单击【新建】按钮,将其保存,以便以后使用,如图3-349所示,单击【确定】按钮,在画面中拖动,给画面进行渐变填充,效果如图3-350所示。

图3-349 【渐变编辑器】对话框

图3-350　给画面进行渐变填充

说明
左边色标的颜色为#006fd7，中间色标的颜色为#008dd8，右边色标的颜色为#23b3dc。

STEP 03 在工具箱中选择【椭圆工具】，在选项栏中选择形状，在几何选项面板中选择固定大小，将【W】与【H】均设置为110像素，如图3-351所示，在画面中拖动，绘制出一个圆形，效果如图3-352所示。

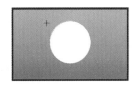

图3-351　几何选项面板　　图3-352　绘制一个圆形

STEP 04 在几何选项面板中将【W】与【H】均设置为75像素，如图3-353所示，在画面中圆形的左右两边依次拖动，绘制出两个圆形，效果如图3-354所示。

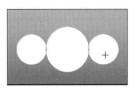

图3-353　几何选项面板　　图3-354　绘制圆形

STEP 05 按住【Shift】键在【图层】面板中单击"椭圆1"形状图层，同时选择除背景层外的三个形状图层，如图3-355所示；按【Ctrl + E】键将三个形状图层合并为一个形状图层，如图3-356所示。

图3-355　【图层】面板　　图3-356　【图层】面板

STEP 06 在【图层】菜单中执行【图层样式】→【渐变叠加】命令，弹出【图层样式】对话框，在其中设置所需的参数，如图3-357所示，效果如图3-358所示。

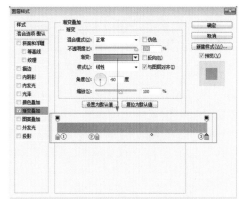

图3-357　【图层样式】对话框

图3-358　添加【渐变叠加】后的效果

说明
色标①的颜色为#007ed7，色标②的颜色为#008dd7，色标③的颜色为#09a4dd。

STEP 07 在【图层样式】对话框左边栏中单击【内阴影】选项，设置所需的参数，如图3-359所示，效果如图3-360所示。

图3-359 【图层样式】对话框

图3-360 添加【内阴影】后的效果

STEP 08 在【图层样式】对话框左边栏中单击
【投影】选项，设置所需的参数，如图 3-361 所
示，设置好后单击【确定】按钮，效果如图
3-362 所示。

图3-361 【图层样式】对话框

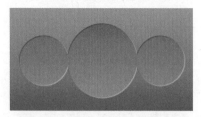

图3-362 添加【投影】后的效果

STEP 09 在【椭圆工具】的几何选项面板中将
【W】与【H】均设置为97像素，如图 3-363 所

示，将【填充】设置为 #008ed8，在画面中拖
动，绘制出一个圆形，效果如图 3-364 所示。

图3-363 几何选项面板

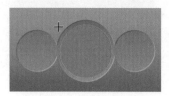

图3-364 绘制圆形

STEP 10 在【椭圆工具】的几何选项面板中将
【W】与【H】均设置为 65 像素，如图 3-365 所
示，在画面中圆形左右两边依次拖动，绘制出
两个圆形，效果如图 3-366、图 3-367 所示。

图3-365 几何选项面板

图3-366 绘制圆形

图3-367 绘制圆形

STEP 11 按住【Shift】键在【图层】面板中单击
"椭圆 4"形状图层，以同时选择"椭圆 4"、"椭
圆 5"及"椭圆 6"这三个形状图层，如图
3-368 所示；按【Ctrl + E】键将三个形状图层合

并为一个形状图层，如图 3-369 所示。

图3-368 【图层】面板　　图3-369 【图层】面板

STEP 12 在【图层】菜单中执行【图层样式】→【渐变叠加】命令，弹出【图层样式】对话框，在其中设置所需的参数，如图 3-370 所示，效果如图 3-371 所示。

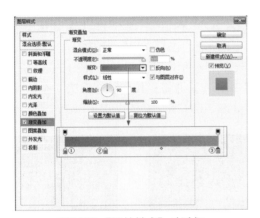

图3-370 【图层样式】对话框

图3-371　添加【渐变叠加】后的效果

 说明
色标①的颜色为 #0072c1，色标②的颜色为 #0081c4，色标③的颜色为 #009bd4。

STEP 13 在【图层样式】对话框左边栏中单击【内发光】选项，设置所需的参数，如图 3-372 所示，效果如图 3-373 所示。

图3-372 【图层样式】对话框

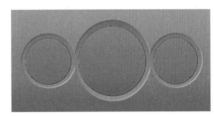

图3-373　添加【内发光】后的效果

STEP 14 在【图层样式】对话框左边栏中单击【内阴影】选项，设置所需的参数，如图 3-374 所示，效果如图 3-375 所示。

图3-374 【图层样式】对话框

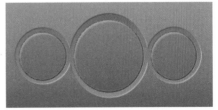

图3-375　添加【内阴影】后的效果

STEP 15 在【图层样式】对话框左边栏中单击【光泽】选项，设置所需的参数，将光泽颜色设置为#536b78，如图3-376所示，效果如图3-377所示。

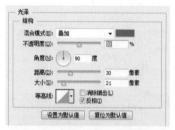

图3-376 【图层样式】对话框

图3-377 添加【光泽】后的效果

STEP 16 在【图层样式】对话框左边栏中单击【投影】选项，设置所需的参数，如图3-378所示，设置好后单击【确定】按钮，效果如图3-379所示。

图3-378 【图层样式】对话框

图3-379 添加【投影】后的效果

STEP 17 在工具箱中选择【自定形状工具】，在选项栏中将参数设置为 ，在【形状】面板中选择三角形，如图3-380所示。

示，在画面中绘制两个三角形，如图3-381所示。

图3-380 【形状】面板

图3-381 绘制三角形

STEP 18 按住【Shift】键在【图层】面板中单击"形状1"形状图层，以同时选择"形状1"及"形状2"这两个形状图层，如图3-382所示；按【Ctrl+E】键将形状图层合并为一个形状图层，如图3-383所示。

图3-382 【图层】面板　　图3-383 【图层】面板

STEP 19 在工具箱中选择【路径选择工具】 ，在【编辑】菜单中执行【变换路径】→【旋转90度（逆时针）】命令，将两个三角形进行旋转，效果如图3-384所示。

图3-384 旋转后的效果

STEP 20 按住【Shift】键在画面中单击两个三角形路径以选择它们，按【Alt】键将其向右拖动到适当位置，以复制一个副本，如图 3-385 所示，在【编辑】菜单中执行【变换路径】→【水平翻转】命令，将副本进行水平翻转，效果如图 3-386 所示。

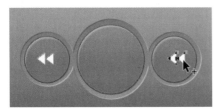

图3-385　移动并复制dx

图3-386　【水平翻转】后的效果

STEP 21 用【自定形状工具】绘制一个三角形，如图 3-387 所示，在【编辑】菜单中执行【变换路径】→【旋转 90 度（顺时针）】命令，效果如图 3-388 所示。

图3-387　绘制三角形

图3-388　旋转后的效果

STEP 22 按住【Shift】键在【图层】面板中单击"形状 2"形状图层，以同时选择"形状 2"及

"形状 3"这两个形状图层，如图 3-389 所示；按【Ctrl + E】键将这两个形状图层合并为一个形状图层，如图 3-390 所示。

图3-389　【图层】面板　　　图3-390　【图层】面板

STEP 23 在【图层】菜单中执行【图层样式】→【投影】命令，弹出【图层样式】对话框，设置所需的参数，如图 3-391 所示，设置好后单击【确定】按钮，效果如图 3-392 所示。

图3-391　【图层样式】对话框

图3-392　添加【投影】后的效果

STEP 24 在【图层】面板中选择最顶层，按住【Shift】单击"椭圆 3"形状图层，以同时选择除背景层外的所有图层，如图 3-393 所示，按【Ctrl + G】键将它们编成一组，如图 3-394 所示，更改组名，如图 3-395 所示，便于之后复制。

图3-393 【图层】面板

图3-394 【图层】面板

图3-395 【图层】面板

实例28 音乐播放软件界面之小按钮设计

实例效果图

 操作步骤

STEP 01 按【Ctrl + N】键弹出【新建】对话框，将【宽度】设置为500像素，【高度】设置为200像素，【分辨率】设置为72像素/英寸，【颜色模式】设置为RGB颜色，【背景内容】设置为白色，设置好后单击【确定】按钮，新建一个文档。

STEP 02 在工具箱中选择【渐变工具】 ，在选项栏的渐变拾色器中选择已保存的渐变颜色，如图3-396所示，在画面中进行拖动，给画面进行渐变填充，效果如图3-397所示。

图3-396 渐变拾色器

图3-397 给画面进行渐变填充

STEP 03 在工具箱中选择【椭圆工具】，在选项栏中将参数设置为 ，在几何选项面板中选择固定大小，将【W】与【H】均设置为90像素，如图3-398所示，在画面中绘制一个圆形，效果如图3-399所示。

图3-398 几何选项面板

图3-399 绘制圆形

STEP 04 在【图层】菜单中执行【图层样式】→【渐变叠加】命令，弹出【图层样式】对话框，在其中设置所需的参数，如图3-400所示，效果如图3-401所示。

图3-400 【图层样式】对话框

图3-401 添加【渐变叠加】后的效果

STEP 05 在【图层样式】对话框左边栏中单击
【内发光】选项，设置所需的参数，如图 3-402
所示，效果如图 3-403 所示。

图3-402 【图层样式】对话框

图3-403 添加【内发光】后的效果

STEP 06 在【图层样式】对话框左边栏中单击
【内阴影】选项，设置所需的参数，如图 3-404
所示，此时的画面效果如图 3-405 所示。

图3-404 【图层样式】对话框

图3-405 添加【内阴影】后的效果

STEP 07 在【图层样式】对话框左边栏中单击
【投影】选项，设置所需的参数，将【颜色】设
置为 #999966，如图 3-406 所示，效果如图
3-407 所示。

图3-406 【图层样式】对话框

图3-407 添加【投影】后的效果

STEP 08 在【图层样式】对话框左边栏中单击
【描边】选项，设置所需的参数，如图 3-408 所
示，设置好后单击【确定】按钮，效果如图
3-409 所示。

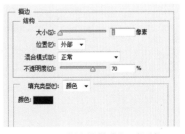

图3-408 【图层样式】对话框

图3-409 添加【描边】后的效果

STEP 09 在【椭圆工具】的几何选项面板中选择【不受约束】选项,如图 3-410 所示,然后在画面中绘制一个白色的椭圆,效果如图 3-411 所示;在【图层】面板中将【混合模式】设置为正片叠底,如图 3-412 所示。

图3-410 几何选项面板

图3-411 绘制椭圆

图3-412 设置【混合模式】后的效果

STEP 10 在【图层】菜单中执行【图层样式】→【渐变叠加】命令,弹出【图层样式】对话框,设置所需的参数,其渐变颜色为透明到白色渐变,如图 3-413 所示,设置好后单击【确定】按钮,效果如图 3-414 所示。

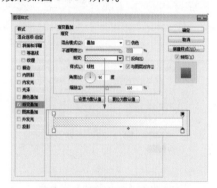

图3-413 【图层样式】对话框

图3-414 添加【渐变叠加】后的效果

STEP 11 在【图层】面板中单击【创建新图层】按钮,新建一个图层,如图 3-415 所示,接着在工具箱中选择【椭圆选框工具】,并在选项栏中将参数设置为 ⬚ ▣▣▣▣ 羽化: 8像素 ,在画面中绘制一个椭圆选框,按【Alt + Del】键填充白色,效果如图 3-416 所示。

图3-415 【图层】面板

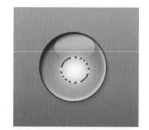

图3-416 绘制椭圆并填充颜色

STEP 12 在【图层】面板中将"图层 1"的【混合模式】设置为叠加,如图 3-417 所示,效果如图 3-418 所示,按【Ctrl + D】键取消选择。

图3-417 【图层】面板

图3-418 设置【混合模式】后的效果

STEP 13 在【图层】面板中单击【创建新图层】按钮,新建一个图层,如图 3-419 所示,在【椭圆选框工具】的选项栏中将参数设置为 ⬚ ▣▣▣▣ 羽化: 5像素 ,在画面中绘制一个椭圆选框,按【Alt + Del】键填充白色,效果如图 3-420 所示。

图3-419 【图层】面板　　图3-420　填充白色

STEP 14 在【图层】面板中将"图层2"的【混合模式】设置为正片叠底，如图3-421所示，按【Ctrl＋D】键取消选择，效果如图3-422所示。

图3-421 【图层】面板　　图3-422　设置【混合模式】后的效果

STEP 15 在【图层】菜单中执行【图层样式】→【渐变叠加】命令，弹出【图层样式】对话框，设置所需的参数，其渐变颜色为透明到白色渐变，如图3-423所示，设置好后单击【确定】按钮，效果如图3-424所示。

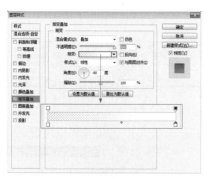

图3-423 【图层样式】对话框

图3-424　添加【渐变叠加】后的效果

STEP 16 按住【Shift】在【图层】面板中单击"形状1"形状图层，以同时选择除背景层外的所有图层，如图3-425所示，按【Ctrl＋G】键将它们编成一组，如图3-426所示。

图3-425 【图层】面板　　图3-426 【图层】面板

STEP 17 在工具箱中选择【移动工具】，按【Alt＋Shift】键将圆形按钮向右拖动到适当位置，以复制一个副本，效果如图3-427所示；用同样的方法再复制一个副本，如图3-428所示。

图3-427　移动并复制对象

图3-428　移动并复制对象

STEP 18 在【图层】面板中展开"组1副本2"，在其中激活"形状1"形状图层，双击【渐变叠加】效果栏，如图3-429所示，弹出【图层样式】对话框，设置所需的渐变，如图3-430所示，设置好后单击【确定】按钮，效果如图3-431所示。

图3-429 【图层】面板

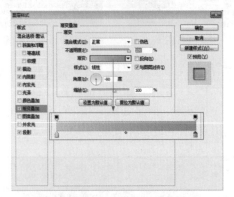

图3-430 【图层样式】对话框

图3-431 添加【渐变叠加】后的效果

 说明
左边色标的颜色为#ffcc66，右边色标
的颜色为#e99426。

STEP 19 在【图层】面板中先选择"组 1 副本
2"，按住【Shift】单击"组 1"，以同时选择除
背景层外的所有组，如图 3-432 所示，按【Ctrl +
G】键将它们编成一组，如图 3-433 所示。

图3-432 【图层】面板   图3-433 【图层】面板

实例29 音乐播放软件界面播放进度栏设计

实例效果图

 操作步骤

STEP 01 按【Ctrl + N】键弹出【新建】对话框，
将【宽度】设置为 650 像素，【高度】设置为
130 像素，【分辨率】设置为 72 像素 / 英寸，
【颜色模式】设置为 RGB 颜色，【背景内容】设
置为白色，设置好后单击【确定】按钮，新建
一个空白的文档。

STEP 02 在工具箱中选择【渐变工具】，在选
项栏的渐变拾色器中选择之前保存的渐变颜色，
如图 3-434 所示，在画面中拖动，给画面进行渐
变填充，效果如图 3-435 所示。

图3-434 渐变拾色器

图3-435 给画面进行渐变填充

STEP 03 在工具箱中选择【圆角矩形工具】，在
选项栏中将参数设置为，
将【填充】设置为 #0084c8，在几何选项面板中
选择固定大小，将【宽度(W)】设置为 600 像
素，【高度(H)】设置为 70 像素，如图 3-436 所
示，在画面中拖动，绘制一个指定大小的圆角
矩形，如图 3-437 所示。

图3-436 几何选项面板

图3-437 绘制圆角矩形

STEP 04 在【图层】菜单中执行【图层样式】→【渐变叠加】命令，弹出【图层样式】对话框，在其中选择之前保存的渐变颜色，将【不透明度】设置为20%，如图3-438所示，效果如图3-439所示。

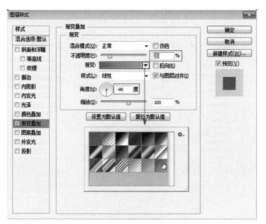

图3-438 【图层样式】对话框

图3-439 添加【渐变叠加】后的效果

STEP 05 在【图层样式】对话框左边栏中单击【内阴影】选项，设置所需的参数，如图3-440所示，效果如图3-441所示。

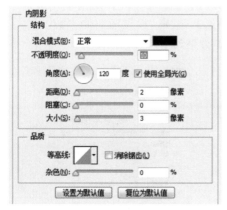

图3-440 【图层样式】对话框

图3-441 添加【内阴影】后的效果

STEP 06 在【图层样式】对话框左边栏中单击【描边】选项，设置所需的参数，如图3-442所示，设置好后单击【确定】按钮，效果如图3-443所示。

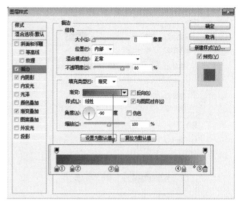

图3-442 【图层样式】对话框

图3-443 添加【描边】后的效果

说明

色标①的颜色为#005c90，色标②的颜色为#006aa5，色标③的颜色为#0c8ad3，色标④的颜色为#109def，色标⑤的颜色为#75bdec。

STEP 07 在工具箱中选择【圆角矩形工具】，在选项栏中选择形状，将【填充】设置为#006ea7，在几何选项面板中选择不受约束，如图3-444所示，在画面中绘制出一个圆角矩形，如图3-445所示。

图3-444 几何选项面板

图3-445　绘制一个圆角矩形

STEP 08 在【图层】菜单中执行【图层样式】→【内阴影】命令，弹出【图层样式】对话框，将【不透明度】设置为50%，【距离】设置为2像素，如图3-446所示，效果如图3-447所示。

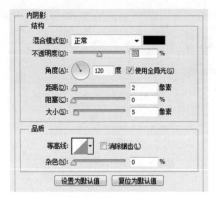

图3-446　【图层样式】对话框

图3-447　添加【内阴影】后的效果

STEP 09 在【图层样式】对话框左边栏中单击【投影】选项，设置所需的参数，如图3-448所示，设置好后单击【确定】按钮，效果如图3-449所示。

图3-448　【图层样式】对话框

图3-449　添加【投影】后的效果

STEP 10 在【圆角矩形工具】的选项栏中将【填充】设置为白色，在画面中绘制一个圆角矩形，效果如图3-450所示。

图3-450　绘制一个圆角矩形

STEP 11 在【图层】菜单中执行【图层样式】→【渐变叠加】命令，弹出【图层样式】对话框，将【不透明度】设置为60%，渐变颜色如图3-451所示，效果如图3-452所示。

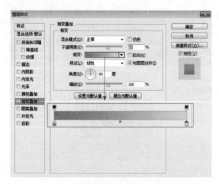

图3-451　【图层样式】对话框

图3-452　添加【渐变叠加】后的效果

说明
左边色标的颜色为#818181，右边色标的颜色为#d9d9d9。

STEP 12 在【图层样式】对话框左边栏中单击【内阴影】选项，设置所需的参数，如图3-453所示，效果如图3-454所示。

图3-453　【图层样式】对话框

图3-454　添加【内阴影】后的效果

STEP 13 在【图层样式】对话框左边栏中单击【描边】选项，设置所需的参数，如图3-455所示，设置好后单击【确定】按钮，效果如图3-456所示。

图3-455　【图层样式】对话框

图3-456　添加【描边】后的效果

STEP 14 在工具箱中选择【椭圆工具】，在选项栏中将参数设置为 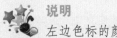 ，在画面中适当位置绘制一个圆形，如图3-457所示。

图3-457　绘制一个圆形

STEP 15 在【图层】菜单中执行【图层样式】→【渐变叠加】命令，弹出【图层样式】对话框，设置所需的参数，如图3-458所示，效果如图3-459所示。

说明
左边色标的颜色为#cccccc，右边色标的颜色为白色。

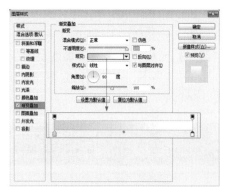

图3-458　【图层样式】对话框

图3-459　添加【渐变叠加】后的效果

STEP 16 在【图层样式】对话框左边栏中单击【投影】选项，设置所需的参数，如图3-460所示，设置好后单击【确定】按钮，效果如图3-461所示。

图3-460　【图层样式】对话框

图3-461　添加【投影】后的效果

STEP 17 从配套光盘的素材库中打开素材图片，用【移动工具】将其拖动到画面中，并摆放到适当位置，如图3-462所示。

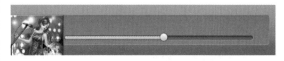

图3-462　打开图片并复制到适当位置

STEP 18 在工具箱中选择【矩形选框工具】，在画面中框选出所需的部分，如图3-463所示，然后在【图层】面板中单击【添加图层蒙版】按钮，如图3-464所示，由选区建立图层蒙版，效果如图3-465所示。

图3-463 绘制矩形选框

图3-464 【图层】面板

图3-465 【添加图层蒙版】后的效果

STEP 19 在【图层】菜单中执行【图层样式】→【内阴影】命令，弹出【图层样式】对话框，设置所需的参数，如图3-466所示，效果如图3-467所示。

图3-466 【图层样式】对话框

图3-467 添加【内阴影】后的效果

STEP 20 在【图层样式】对话框左边栏中单击【描边】选项，设置所需的参数，如图3-468所示，效果如图3-469所示。

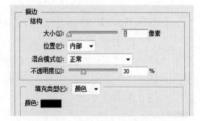

图3-468 【图层样式】对话框

图3-469 添加【描边】后的效果

STEP 21 在【图层样式】对话框左边栏中单击【投影】选项，设置所需的参数，如图3-470所示，设置好后单击【确定】按钮，效果如图3-471所示。

图3-470 【图层样式】对话框

图3-471 添加【投影】后的效果

STEP 22 在工具箱中选择【圆角矩形工具】，在选项栏中选择形状，将【填充】设置为#0068a2，在画面中右上角绘制一个圆角矩形，如图3-472所示。

图3-472 绘制一个圆角矩形

STEP **23** 在【图层】菜单中执行【图层样式】→【渐变叠加】命令，弹出【图层样式】对话框，在其中设置所需的参数，如图 3-473 所示，效果如图 3-474 所示。

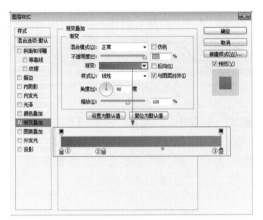

图3-473 【图层样式】对话框

图3-474 添加【渐变叠加】后的效果

> **说明**
>
> 色标①的颜色为 #0072c1，色标②的颜色为 #0081c4，色标③的颜色为 #009bd4。

STEP **24** 在【图层样式】对话框左边栏中单击【内阴影】选项，设置所需的参数，如图 3-475 所示，效果如图 3-476 所示。

图3-475 【图层样式】对话框

图3-476 添加【内阴影】后的效果

STEP **25** 在【图层样式】对话框左边栏中单击【内发光】选项，设置所需的参数，如图 3-477 所示，效果如图 3-478 所示。

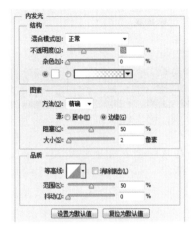

图3-477 【图层样式】对话框

图3-478 添加【内发光】后的效果

STEP **26** 在【图层样式】对话框左边栏中单击【光泽】选项，设置所需的参数，将光泽【颜色】设置为 #536b78，如图 3-479 所示，设置好后画面效果如图 3-480 所示。

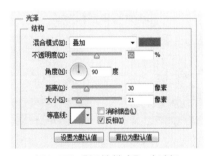

图3-479 【图层样式】对话框

图3-480 添加【光泽】后的效果

STEP **27** 在【图层样式】对话框左边栏中单击【描边】选项，设置所需的参数，如图 3-481 所示，设置好后单击【确定】按钮，效果如图 3-482 所示。

图3-481 【图层样式】对话框

图3-482 添加【描边】后的效果

STEP 28 在【图层】面板中新建一个图层，如图 3-483 所示，在工具箱中选择【椭圆选框工具】，在选项栏中选择像素，将【填充】设置为 #9dddfd，在画面中绘制一个小圆形，如图 3-484 所示；选择【矩形工具】，在选项栏中选择像素，在画面中绘制一个矩形，如图 3-485 所示。

图3-483 【图层】面板

图3-484 绘制圆形

图3-485 绘制圆形

STEP 29 选择【移动工具】，按【Alt + Shift】键将绘制好的小圆与矩形向下拖动两次，以复制两个副本，效果如图 3-486 所示。

图3-486 移动并复制圆形

STEP 30 在工具箱中选择【横排文字工具】，在选项栏中将参数设置为

，在画面中输入所需的文字，效果如图 3-487、图 3-488 所示。

图3-487 输入文字

图3-488 输入文字

STEP 31 在【图层】菜单中执行【图层样式】→【投影】命令，弹出【图层样式】对话框，设置所需的参数，如图 3-489 所示，设置好后单击【确定】按钮，效果如图 3-490 所示。

图3-489 【图层样式】对话框

图3-490 添加【投影】后的效果

STEP 32 在【图层】面板中选择最顶层，按住【Shift】单击"圆角矩形 2"形状图层，以同时选择除背景层外的所有图层，如图 3-491 所示，按【Ctrl+G】键将它们编成一组，如图 3-492 所示。

图3-491 【图层】面板

图3-492 【图层】面板

实例30 音乐播放软件界面播放栏设计

实例效果图

STEP 01 按【Ctrl + N】键弹出【新建】对话框，将【宽度】设置为1070像素，【高度】设置为130像素，【分辨率】设置为72像素/英寸，【颜色模式】设置为RGB颜色，【背景内容】设置为白色，设置好后单击【确定】按钮，新建一个空白的文档。

STEP 02 在工具箱中选择圆角矩形工具，并在选项栏中将参数设置为  ，【填充】设置为#008ed8，在几何选项面板中设置所需的参数，如图3-493所示；在画面中绘制一个圆角矩形，如图3-494所示。

图3-493 几何选项面板

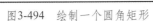

图3-494 绘制一个圆角矩形

STEP 03 在工具箱中选择【直接选择工具】，在画面中拖出一个虚框，框住圆角矩形的下边，如图3-495所示，松开左键后即可选择路径上的锚点，如图3-496所示；按【Delete】键将选择的锚点删除，使下边由圆角变为尖角，效果如图3-497所示。

图3-495 拖出一个虚框

图3-496 选择路径上的锚点

图3-497 将选择的锚点删除

STEP 04 在【图层】菜单中执行【图层样式】→【渐变叠加】命令，弹出【图层样式】对话框，在其中选择之前保存的渐变颜色，如图3-498所示，效果如图3-499所示。

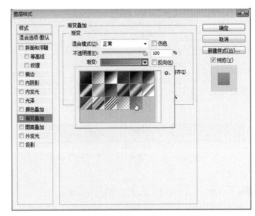

图3-498 【图层样式】对话框

图3-499 添加【渐变叠加】后的效果

STEP 05 在【图层样式】对话框左边栏中单击【内发光】选项，设置所需的参数，将【内发光颜色】设置为白色，如图3-500所示，效果如图3-501所示。

图3-500 【图层样式】对话框

图3-501 添加【内发光】后的效果

STEP 06 在【图层样式】对话框左边栏中单击【内阴影】选项,设置所需的参数,将【内阴影颜色】设置为白色,如图 3-502 所示,效果如图 3-503 所示。

图3-502 【图层样式】对话框

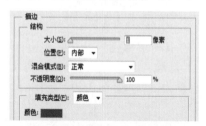

图3-503 添加【内阴影】后的效果

STEP 07 在【图层样式】对话框左边栏中单击【描边】选项,设置所需的参数,将【颜色】设置为 #315265,如图 3-504 所示,设置好后单击【确定】按钮,效果如图 3-505 所示。

图3-504 【图层样式】对话框

图3-505 添加【描边】后的效果

STEP 08 打开"实例29"中制作好的播放进度栏,如图 3-506 所示;然后用【移动工具】将其拖动到画面中,并摆放到所需的位置,如图 3-507 所示。

图3-506 打开的文件

图3-507 移动并复制对象

STEP 09 打开"实例27"中制作好的播放按钮,如图 3-508 所示;用【移动工具】将其拖动到画面中,并摆放到所需的位置,如图 3-509 所示。

图3-508 打开的文件

图3-509 移动并复制对象

STEP 10 按【Ctrl + T】键执行【自由变换】命令,在选项栏中将参数设置为 W: 50.00% ∞ H: 50.00%,将其移动到所需的位置,如图 3-510 所示,在变换框中双击确认变换。

图3-510 执行【自由变换】命令

STEP 11 打开"实例28"中制作好的小按钮,如图 3-511 所示;用【移动工具】将其拖动到画面中,并摆放到所需的位置,如图 3-512 所示。

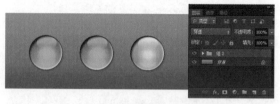

图3-511 打开的文件

图3-512 移动并复制对象

STEP 12 在【图层】面板中激活组 2,如图 3-513 所示,按【Ctrl + E】键将"组 2"改为普通图层,如图 3-514 所示。

图3-513 【图层】面板

图3-514 【图层】面板

STEP 13 按【Ctrl + T】键执行【自由变换】命令，在选项栏中将参数设置为 W:15.00% ∞ H:15.00% ，将其移动到左上角，如图3-515所示，在变换框中双击确认变换。

图3-515 执行【自由变换】命令

STEP 14 在【图层】面板的"组2"图层上双击，弹出【图层样式】对话框，在其左边栏中单击【描边】选项，设置所需的参数，如图3-516所示，效果如图3-517所示。

图3-516 【图层样式】对话框

图3-517 添加【描边】后的效果

STEP 15 在【图层样式】对话框左边栏中单击【投影】选项，设置所需的参数，将【投影颜色】设置为白色，如图3-518所示，设置好后单击【确定】按钮，效果如图3-519所示。

图3-518 【图层样式】对话框

图3-519 添加【投影】后的效果

STEP 16 在【图层】面板中激活"组1"中的"椭圆1"形状图层，按住【Shift】键单击"圆角矩形3"形状图层，如图3-520所示，以同时选择"椭圆1"、"圆角矩形1"及"圆角矩形2"三个图层，再按【Ctrl + G】键将它们编成一组，如图3-521所示。

图3-520 【图层】面板

图3-521 【图层】面板

STEP 17 按【Ctrl + J】键复制一个副本组，如图3-522所示，将其拖动到"组2"的上层，如图3-523所示，用【移动工具】将其拖动到适当位置，如图3-524所示。

图3-522 【图层】面板　　图3-523 【图层】面板

图3-524 移动并复制对象

STEP 18 在工具箱中选择【直接选择工具】，在画面中路径上单击，以选择要编辑的路径，如图 3-525 所示，选择要移动的锚点，如图 3-526 所示；按住【Shift】键将选择的锚点向右拖动到适当位置，以缩小形状，如图 3-527 所示。

图3-525 选择要编辑的路径

图3-526 选择要移动的锚点

图3-527 移动锚点

STEP 19 用【路径选择工具】█选择要编辑的形状，如图 3-528 所示，用【直接选择工具】选择锚点并调整大小，效果如图 3-529 所示。

图3-528 选择要编辑的形状

图3-529 移动锚点

STEP 20 在工具箱中选择【移动工具】，将小圆形拖动到所需的位置，如图 3-530 所示。

图3-530 移动对象

STEP 21 从配套光盘的素材库中打开素材图标，将其复制到画面中，并摆放好到所需的位置效果如图 3-531 所示。

图3-531 打开图标并复制到适当位置

STEP 22 在【图层】菜单中执行【图层样式】→【内阴影】命令，弹出【图层样式】对话框，在其中设置所需的参数，如图 3-532 所示，效果如图 3-533 所示。

图3-532 【图层样式】对话框

图3-533 添加【内阴影】后的效果

STEP 23 在【图层样式】对话框左边栏中单击【投影】选项，设置所需的参数，将【投影颜色】设置为白色，如图 3-534 所示，设置好后单击【确定】按钮，效果如图 3-535 所示。

图3-534 【图层样式】对话框

图3-535 添加【投影】后的效果

STEP 24 在【图层】面板中选择"组 3 副本"，按住【Shift】单击"圆角矩形 1"形状图层，以同时选择除背景层外的所有图层，如图 3-536 所示，按【Ctrl + G】键将它们编成一组，如图 3-537 所示，然后更改组名称，如图 3-538 所示。

图3-536 【图层】面板

图3-537 【图层】面板　　图3-538 【图层】面板

实例31　音乐播放软件界面导航栏设计

实例效果图

操作步骤

STEP 01 按【Ctrl + N】键弹出【新建】对话框，将【宽度】设置为 250 像素，【高度】设置为 580 像素，【分辨率】设置为 72 像素 / 英寸，【颜色模式】设置为 RGB 颜色，【背景内容】设置为白色，设置好后单击【确定】按钮，新建一个文档。

STEP 02 在工具箱中选择【矩形选框工具】，在选项栏中参数设置为 ，在画面的左上角适当位置单击，弹出【创建矩形】对话框，在其中将【宽度】设置为 200 像素，【高度】设置为 535 像素，如图 3-539 所示，单击【确定】按钮，即可得到一个指定大小的矩形，如图 3-540 所示。

图3-539 【创建矩形】对话框　图3-540 绘制矩形

STEP 03 在【图层】菜单中执行【图层样式】→【渐变叠加】命令，弹出【图层样式】对话框，设置所需的参数，如图 3-541 所示，效果如图 3-542 所示。

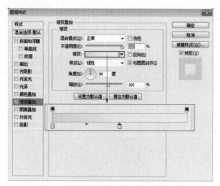

图3-541 【图层样式】对话框

图3-542 添加【渐变叠加】后的效果

说明
左边色标颜色为 #dedede，右边色标颜色为 #eeeeee。

STEP 04 在【图层样式】对话框左边栏中单击【投影】选项，设置所需的参数，将【投影颜色】设置为 #cccccc，如图 3-543 所示，设置好后单击【确定】按钮，效果如图 3-544 所示。

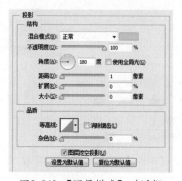

图3-543 【图层样式】对话框

图3-544 添加【投影】后的效果

STEP 05 在工具箱中选择【矩形工具】，在选项栏中参数设置为 ，【填充】设置为 #e3e3e3，在画面中绘制一个矩形，如图 3-545 所示。

图3-545 绘制一个矩形

STEP 06 在【图层】菜单中执行【图层样式】→【内阴影】命令，弹出【图层样式】对话框，设置所需的参数，如图 3-546 所示，在左边栏中单击【投影】选项，设置所需的参数，如图 3-547 所示，设置好后单击【确定】按钮，效果如图 3-548 所示。

图3-546 【图层样式】对话框

图3-547 【图层样式】对话框

图3-548 添加【图层样式】后的效果

STEP 07 在工具箱中选择【自定形状工具】，在选项栏中参数设置为 ，【填充】设置为 #999999，在【形状】面板中选择三角形，如图 3-549 所示，然后在画面中适当位置绘制一个三角形，如图 3-550 所示。

图3-549 【形状】面板　　图3-550 绘制三角形

STEP 08 在【编辑】菜单中执行【变换路径】→【垂直翻转】命令，将三角形进行垂直翻转，效果如图 3-551 所示。

图3-551 翻转后的效果

STEP 09 在【图层】菜单中执行【图层样式】→【投影】命令，弹出【图层样式】对话框，设置所需的参数，如图 3-552 所示，设置好后单击【确定】按钮，效果如图 3-553 所示。

图3-552 【图层样式】对话框

图3-553 添加【投影】后的效果

STEP 10 在工具箱中选择【横排文字工具】，在选项栏中将参数设置为 ，在画面中三角形右边单击并输入所需的文字，如图 3-554 所示，输入好后单击 ✓ 按钮，确认文字输入。

图3-554 输入文字

STEP 11 在【图层】菜单中执行【图层样式】→【投影】命令，弹出【图层样式】对话框，设置所需的参数，如图 3-555 所示，设置好后单击【确定】按钮，效果如图 3-556 所示。

图3-555 【图层样式】对话框

图3-556 添加【投影】后的效果

STEP 12 在工具箱中选择【横排文字工具】，在【字符】面板中设置所需的参数，如图 3-557 所示，将【颜色】设置为#333333，在画面中单击并输入所需的文字，如图 3-558 所示。

图3-557 【字符】面板 　　图3-558 输入文字

STEP 13 用【横排文字工具】在画面中选择文字，如图 3-559 所示，在选项栏中将【文本颜色】设置为#008dd8，设置好后单击 ✓ 按钮确认文字输入，效果如图 3-560 所示。

图3-559 选择文字 　　图3-560 确认文字输入

STEP 14 在【图层】面板中右击"浏览"文字图层，在弹出的菜单中执行【拷贝图层样式】命令，如图 3-561 所示，在"我的音乐库"文字图层上右击，在弹出的菜单中执行【粘贴图层样式】命令，如图 3-562 所示，即可将"浏览"文字图层中的样式拷贝到"我的音乐库"文字图层中，效果如图 3-563 所示。

STEP 15 从配套光盘的素材库中打开素材图标，用【移动工具】将其拖动到画面中，再摆放到所需的位置，如图 3-564 所示。

图3-561 【图层】面板 　　图3-562 【图层】面板

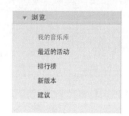

图3-563 【粘贴图层样式】　图3-564 打开图标并复制
　　　　后的效果　　　　　　　　到适当位置

STEP 16 在工具箱中选择【自定形状工具】，在选项栏中将参数设置为 ，在画面右边绘制一个三角形，如图 3-565 所示。

图3-565 绘制一个三角形

STEP 17 在【编辑】菜单中执行【变换路径】→【旋转 90 度（逆时针）】命令，效果如图 3-566 所示。

图3-566 旋转后的效果

STEP **18** 在【图层】菜单中执行【图层样式】→【投影】命令，弹出【图层样式】对话框，设置所需的参数，如图 3-567 所示，设置好后单击【确定】按钮，效果如图 3-568 所示。

图3-567 【图层样式】对话框

图3-568 添加【投影】后的效果

STEP **19** 在【图层】面板中选择"形状 2"形状图层，按住【Shift】键单击"矩形 2"形状图层，以同时选择位于"矩形 2"上面的所有图层，如图 3-569 所示；按【Ctrl + G】键将其编成一组，如图 3-570 所示。

图3-569 【图层】面板   图3-570 【图层】面板

STEP **20** 按【Ctrl + J】键复制一个副本，【图层】面板如图 3-571 所示，按住【Shift】键用【移动工具】将其向下拖动到适当位置，效果如图 3-572 所示。

图3-571 【图层】面板   图3-572 移动并复制对象

STEP **21** 在【图层】面板中将不需要的图层隐藏，如图 3-573 所示。

图3-573 隐藏不需要的图层

STEP **22** 在工具箱中选择【横排文字工具】，在画面中选择要更改的文字，输入所需的文字，如图 3-574 所示，输入好后单击✔按钮，确认文字更改；用同样的方法对其他的文字进行更改，效果如图 3-575 所示。

图3-574　输入文字　　　图3-575　输入文字

STEP 23 从配套光盘的素材库中打开素材图标，用【移动工具】将其拖动到画面中，再摆放到所需的位置，如图 3-576 所示。

图3-576　打开图标并复制到适当位置

STEP 24 按【Ctrl + J】键复制一个副本，用【移动工具】将其移动到所需的位置，如图 3-577 所示。

图3-577　移动并复制对象

STEP 25 在【图层】面板中隐藏不需要的图层，如图 3-578 所示。

图3-578　隐藏不需要的图层

STEP 26 用与"步骤22"相同的方法对文字进行更改，打开所需的素材图标，复制到画面中，效果如图 3-579 所示。

图3-579　打开图标并复制到适当位置

STEP 27 在【图层】面板中选择"组 1 副本 2"，按住【Shift】单击"矩形 1"形状图层，以同时选择除背景层外的所有图层，如图 3-580 所示，按【Ctrl + G】键将它们编成一组，如图 3-581 所示，更改组名，如图 3-582 所示。

图3-580 【图层】面板

图3-581 【图层】面板

图3-582 【图层】面板

实例32 音乐播放软件界面面板设计

实例效果图

操作步骤

STEP 01 打开"实例31"中制作好的左边导航栏,如图3-583所示,在【图层】面板中将不需要的图层隐藏,如图3-584所示。

图3-583 打开的文件

图3-584 将不需要的图层并闭

STEP 02 在【图层】面板中直接拖动隐藏的图层至【删除图层】按钮上,以将其删除,选择"组1",如图3-585所示;用【移动工具】将其向下拖动到适当位置,如图3-586所示。将其重命名并保存。

图3-585　删除图层

图3-586　移动对象

STEP 03 在【图层】面板中展开"组1"，在其中双击"矩形1"中的"投影"效果栏，如图3-587所示，弹出【图层样式】对话框，设置所需的参数，如图3-588所示，设置好后单击【确定】按钮，效果如图3-589所示。

图3-587　【图层】面板

图3-588　【图层样式】对话框

图3-589　添加【投影】后的效果

STEP 04 用【横排文字工具】对文字进行更改，如图3-590所示；选择要改变字符格式的文字，如图3-591所示，在【字符】面板中设置所需的字符格式，如图3-592所示，设置好后单击☑按钮，确认文字更改，效果如图3-593所示。

图3-590　编辑文字

图3-591　编辑文字

图3-592 【字符】面板　　图3-593　更改文字

STEP 05 从配套光盘的素材库中打开所需素材图标，用【移动工具】将其拖动到画面中，再摆放到所需的位置，如图 3-594 所示。

图3-594　打开图标并复制到适当位置

STEP 06 在【图层】面板中单击【创建新组】按钮，新建一组，如图 3-595 所示，在工具箱中选择【自定形状工具】，在选项栏中将参数设置为，【填充】设置为 #d1d1d1，在画面中绘制一个矩形，如图 3-596 所示。

图3-595 【图层】面板　　图3-596　绘制矩形

STEP 07 在【图层】菜单中执行【图层样式】→【渐变叠加】命令，弹出【图层样式】对话框，设置所需的参数，如图 3-597 所示，效果如图 3-598 所示。

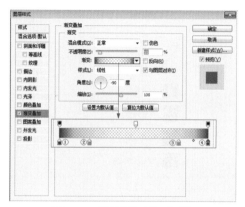

图3-597 【图层样式】对话框

图3-598　添加【渐变叠加】后的效果

> **说明**
> 色标①的颜色为 #3c3c3c，色标②的颜色为 #888888，色标③的颜色为 #888888，色标④的颜色为 #3c3c3c；在渐变条中间位置单击添加一个透明度色标，将其【不透明度】设置为 0%。

STEP 08 在【图层样式】对话框左边栏中单击【图案叠加】选项，设置所需的参数，如图 3-599 所示，设置好后单击【确定】按钮，效果如图 3-600 所示。

图3-599 【图层样式】对话框

图3-600 添加【图案叠加】后的效果

STEP 09 在工具箱中选择【圆角矩形工具】，在选项栏中将参数设置为 ，【填充】设置为#ffa700，在画面中顶部绘制一个圆角矩形，如图 3-601 所示。

图3-601 绘制一个圆角矩形

STEP 10 在【图层】菜单中执行【图层样式】→【渐变叠加】命令，弹出【图层样式】对话框，在其中设置所需的参数，如图 3-602 所示，效果如图 3-603 所示。

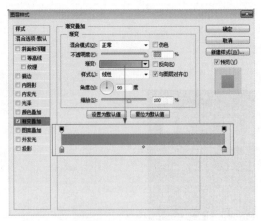

图3-602 【图层样式】对话框

图3-603 添加【渐变叠加】后的效果

> **说明**
> 左边色标的颜色为 #f4861a，右边色标的颜色为 #febf4b。

STEP 11 在【图层样式】对话框左边栏中单击【内阴影】选项，设置所需的参数，如图 3-604 所示，设置好后单击【确定】按钮，效果如图 3-605 所示。

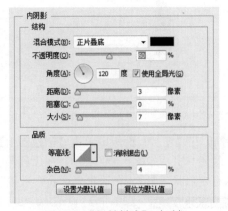

图3-604 【图层样式】对话框

图3-605　添加【内阴影】后的效果

STEP 12 在工具箱中点【选自定形状工具】，在选项栏中将参数设置为 ▦▾ ▏形状▾ ▏填充: ▏描边: ⬚ ，在【形状】面板中选择所需的形状，如图3-606所示，在画面中小圆角矩形上绘制出所选形状，如图3-607所示。

图3-606　【形状】面板

图3-607　绘制形状

STEP 13 在【图层】菜单中执行【图层样式】→【斜面和浮雕】命令，弹出【图层样式】对话框，在其中设置所需的参数，如图3-608所示，设置好后单击【确定】按钮，效果如图3-609所示。

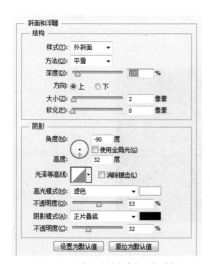

图3-608　【图层样式】对话框

图3-609　添加【斜面和浮雕】后的效果

STEP 14 在工具箱中选择【横排文字工具】，将在选项栏中将参数设置为 T▏黑体 ▏▏14点▾ ，在画面中单击并输入所需的文字，如图3-610所示。

图3-610　输入文字

STEP 15 在【图层】菜单中执行【图层样式】→【投影】命令，弹出【图层样式】对话框，在其中设置所需的参数，如图3-611所示，设置好后单击【确定】按钮，效果如图3-612所示。

图3-611　【图层样式】对话框

图3-612　添加【投影】后的效果

STEP 16 从配套光盘的素材库中打开素材图标，用【移动工具】将其拖动到画面中，再摆放到所需的位置，如图 3-613 所示。

图3-613　打开图标并复制到适当位置

STEP 17 在【图层】菜单中执行【图层样式】→【内阴影】命令，弹出【图层样式】对话框，设置所需的参数，如图 3-614 所示，效果如图 3-615 所示。

图3-614　【图层样式】对话框

图3-615　添加【内阴影】后的效果

STEP 18 在【图层样式】对话框左边栏中单击【投影】选项，设置所需的参数，如图 3-616 所示，设置好后单击【确定】按钮，效果如图 3-617 所示。

图3-616　【图层样式】对话框

图3-617　添加【投影】后的效果

STEP 19 在【图层】面板先选择"组 1"，按【Ctrl + J】键复制一个副本，如图 3-618 所示，用【移动工具】将其向下拖动到适当位置，如图 3-619 所示。

图3-618　【图层】面板　　图3-619　移动并复制对象

STEP 20 在【图层】面板中将"组 1 副本"中不

需要的图层隐藏，如图 3-620 所示。

图3-620　隐藏不需要的图层

STEP 21　用【横排文字工具】将文字进行更改，效果如图 3-621 所示。

图3-621　更改文字

STEP 22　在【图层】面板中选择"形状 1"形状图层，如图 3-622 所示，在【编辑】菜单中执行【变换路径】→【旋转 90 度（逆时针）】命令，效果如图 3-623 所示。

图3-622　【图层】面板　　图3-623　旋转后的效果

STEP 23　在【图层】面板中选择"组 2"，按住【Shift】单击"矩形 1"形状图层，以同时选择除背景层外的所有图层，如图 3-624 所示，按【Ctrl＋G】键将它们编成一组，如图 3-625 所示，然后更改组名，如图 3-626 所示。

图3-624　【图层】面板　　图3-625　【图层】面板

图3-626　【图层】面板

实例33 音乐播放软件界面播放文件窗口设计

实例效果图

STEP 01 按【Ctrl + N】键弹出【新建】对话框，将【宽度】设置为 700 像素，【高度】设置为 580 像素，【分辨率】设置为 72 像素 / 英寸，【颜色模式】设置为 RGB 颜色，【背景内容】设置为白色，设置好后单击【确定】按钮，新建一个文档。

STEP 02 在工具箱中选择【矩形工具】，在选项栏中将参数设置为 ，【描边】设置为 #dcdcdc，在画面中单击，弹出【创建矩形】对话框，在其中将【宽度】设置为 625 像素，【高度】设置为 535 像素，如图 3-627 所示，单击【确定】按钮，即可得到一个矩形框，如图 3-628 所示。

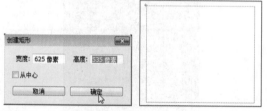

图3-627 【创建矩形】对话框　图3-628 绘制矩形框

STEP 03 用【矩形工具】直接在画面中矩形框的

上部绘制一个矩形，如图 3-629 所示；在【图层】面板中将【填充】设置为 0%，如图 3-630 所示。

图3-629 绘制一个矩形　　图3-630 【图层】面板

STEP 04 在【图层】菜单中执行【图层样式】→【渐变叠加】命令，弹出【图层样式】对话框，设置所需的参数，如图 3-631 所示，设置好后单击【确定】按钮，效果如图 3-632 所示。

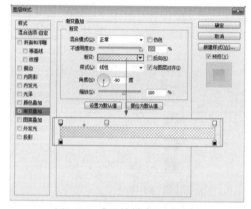

图3-631 【图层样式】对话框

图3-632 添加【渐变叠加】后的效果

> **说明**
> 左右两边渐变色标的颜色均为黑色，左边不透明度色标的不透明度为 15%，中间不透明度色标的不透明度为 10%，右边不透明度色标的不透明度为 0%。

STEP 05 在【矩形工具】的选项栏中将参数设置为  ，【描边】设置为 #a0a0a0，在画面中绘制一个矩形，如图3-633 所示。

图3-633 绘制矩形

STEP 06 在工具箱中选择【圆角矩形工具】，在选项栏中将参数设置为  ，【半径】设置为 5 像素，在画面中的左上角绘制出一个圆角矩形，如图 3-634 所示。

图3-634 制出圆角矩形

STEP 07 在【圆角矩形工具】的选项栏中将【半径】设置为 15 像素，在画面中刚绘制的圆角矩形右边绘制一个圆角矩形，如图 3-635 所示，用相同的方法，分别绘制出如图 3-636 所示的图形。

图3-635 制出圆角矩形

图3-636 制出圆角矩形

STEP 08 在【图层】面板中选择左上角的圆角矩形，在【图层】菜单中执行【图层样式】→【渐变叠加】命令，弹出【图层样式】对话框，设置所需的参数，如图 3-637 所示，设置好后单击

【确定】按钮，效果如图 3-638 所示。

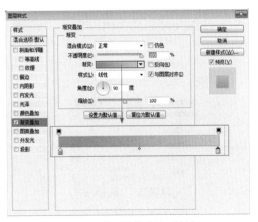

图3-637 【图层样式】对话框

图3-638 添加【渐变叠加】后的效果

说明
左边色标的颜色为 #f88417，右边色标的颜色为 #ffcb54。

STEP 09 在【图层样式】对话框左边栏中单击【内阴影】选项，设置所需的参数，如图 3-639 所示，效果如图 3-640 所示。

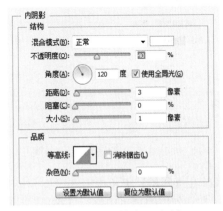

图3-639 【图层样式】对话框

图3-640 添加【内阴影】后的效果

STEP 10 在【图层样式】对话框左边栏中单击【光泽】选项，设置所需的参数，将【光泽颜色】设置为#5c5c5c，如图 3-641 所示，效果如图 3-642 所示。

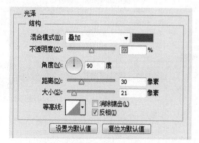

图3-641 【图层样式】对话框

图3-642 添加【光泽】后的效果

STEP 11 在【图层样式】对话框左边栏中单击【描边】选项，设置所需的参数，如图 3-643 所示，设置好后单击【确定】按钮，效果如图 3-644 所示。

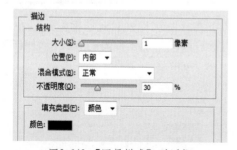

图3-643 【图层样式】对话框

图3-644 添加【描边】后的效果

STEP 12 在【图层】面板中右击"圆角矩形 1"图层，并在弹出的菜单中执行【拷贝图层样式】命令，如图 3-645 所示，在"圆角矩形 3"图层上右击，在弹出的菜单中执行【粘贴图层样式】命令，如图 3-646 所示，可将"圆角矩形 1"图层中的样式拷贝到"圆角矩形 3"图层中，效果如图 3-647 所示。

图3-645 【图层】面板　　　　图3-646 【图层】面板

图3-647 【粘贴图层样式】后的效果

STEP 13 在【图层】面板中选择"圆角矩形 2"图层，在【图层】菜单中执行【图层样式】→【描边】命令，弹出【图层样式】对话框，设置所需的参数，如图 3-648 所示，效果如图 3-649 所示。

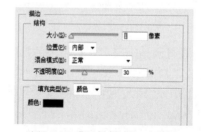

图3-648 【图层样式】对话框

图3-649 添加【描边】后的效果

STEP 14 在【图层样式】对话框左边栏中单击【颜色叠加】选项，设置所需的参数，将【叠加颜色】设置为白色，如图 3-650 所示，效果如图 3-651 所示。

图3-650 【图层样式】对话框

图3-651 添加【颜色叠加】后的效果

STEP 15 在【图层样式】对话框左边栏中单击
【内阴影】选项，设置所需的参数，将【颜色】
设置为 #838383，如图 3-652 所示，效果如图
3-653 所示。

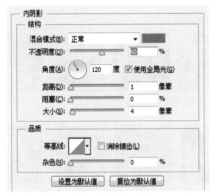

图3-652 【图层样式】对话框

图3-653 添加【内阴影】后的效果

STEP 16 在【图层】面板中选择"圆角矩形 4"
图层，在【图层】菜单中执行【图层样式】→
【描边】命令，弹出【图层样式】对话框，设置
所需的参数，如图 3-654 所示，效果如图 3-655
所示。

图3-654 【图层样式】对话框

图3-655 添加【描边】后的效果

STEP 17 在【图层样式】对话框左边栏中单击
【渐变叠加】选项，设置所需的参数，如图
3-656 所示，效果如图 3-657 所示。

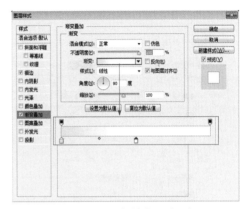

图3-656 【图层样式】对话框

图3-657 添加【渐变叠加】后的效果

> **说明**
> 左边色标的颜色为 #e4e4e4，右边色
> 标的颜色为白色。

STEP 18 在【图层样式】对话框左边栏中单击
【内阴影】选项，设置所需的参数，将【内阴影】
颜色设置为 #838383，如图 3-658 所示，效果
如图 3-659 所示。

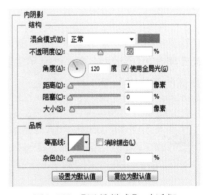

图3-658 【图层样式】对话框

图3-659 添加【内阴影】后的效果

STEP 19 在【图层样式】对话框左边栏中单击【投影】选项，设置所需的参数，如图 3-660 所示，设置好后单击【确定】按钮，效果如图 3-661 所示。

图3-660 【图层样式】对话框

图3-661 添加【投影】后的效果

STEP 20 在工具箱中选择【自定形状工具】，在选项栏中选择所需的形状，将【填充】设置为白色，在画面中分别绘制出如图 3-662 所示的形状。

图3-662 绘制形状

STEP 21 在选项栏中将【填充】设置为 #999999，绘制出所需的形状，如图 3-663 所示。

图3-663 绘制形状

STEP 22 在工具箱中选择【横排文字工具】，在选项栏中设置所需的参数，在画面中单击并输入所需的文字，如图 3-664 所示。

图3-664 输入文字

STEP 23 从配套光盘的素材库中打开素材图片，用【移动工具】将其拖动到画面中，再摆放到所需的位置，如图 3-665 所示。

图3-665 打开图片并复制到适当位置

STEP 24 用【横排文字工具】在画面中分别输入所需的文字，如图 3-666 所示。

图3-666 输入文字

STEP 25 在【图层】面板中选择除背景层外的所有图层，如图 3-667 所示，按【Ctrl + G】键将它们编成一组，如图 3-668 所示，更改组名，如图 3-669 所示。

图3-667 【图层】面板　　　图3-668 【图层】面板

图3-669 【图层】面板

实例34　音乐播放软件界面设计

实例效果图

 操作步骤

STEP 01 按【Ctrl＋N】键弹出【新建】对话框，将【宽度】设置为1070像素，【高度】设置为660像素，【分辨率】设置为72像素/英寸，【颜色模式】设置为RGB颜色，【背景内容】设置为白色，设置好后单击【确定】按钮，新建一个文档。

STEP 02 在工具箱中选择【圆角矩形工具】，在选项栏中将参数设置为

【描边】颜色设置为#315265，在画面中适当位置单击，在弹出的对话框中将【宽度】设置为1030像素，【高度】设置为620像素，【半径】设置为5像素，如图3-670所示，设置好后单击【确定】按钮，即可得到一个圆角矩形，如图3-671所示。

图3-670 【创建圆角矩形】　图3-671　绘制圆角矩形
对话框　　　　　　　　　　　　对话框

STEP 03 在【图层】菜单中执行【图层样式】→【投影】命令，弹出【图层样式】对话框，设置所需的参数，如图3-672所示，设置好后单击【确定】按钮，效果如图3-673所示。

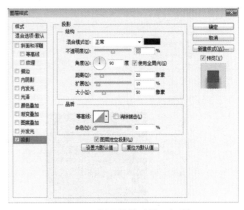

图3-672 【图层样式】对话框

图3-673　添加【投影】后的效果

STEP 04 打开"实例30"中制作好的播放栏，如图3-674所示；将其复制到画面中，再摆放到顶层，如图3-675所示。

图3-674　打开的文件

图3-675　移动并复制对象

STEP 05 打开"实例31"中制作好的左侧导航栏，如图 3-676 所示，将其复制到画面中并摆放到相应位置，如图 3-677 所示。

图3-676　打开的文件

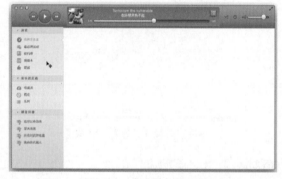

图3-677　移动并复制对象

STEP 06 在【图层】面板中将左侧导航栏拖动到播放栏的下层，如图 3-678 所示，效果如图 3-679 所示。

图3-678　【图层】面板

图3-679　调整图层后的效果

STEP 07 打开"实例33"中制作好的播放文件窗口，如图 3-680 所示，将其复制到画面中，并摆放到中间位置，如图 3-681 所示。

图3-680　打开的文件

图3-681　移动并复制对象

图3-683　最终效果

STEP 08 打开"实例32"中制作好的面板，如图 3-682 所示，将其复制到画面中并摆放到相应位置，如图 3-683 所示。

图3-682　打开的文件

4

第 4 部分
网店界面设计

网店设计主要为商户提供店铺的视觉设计，以及 UED 的优化。

网店界面的第一印象极为重要，因此需要提供不同风格的设计方案供实际业务部门或网店策划师选择。

网店界面设计需以市场为导向，从用户角度出发，传达直接、明确的信息。

实例35　网店界面之标志设计

实例效果图

操作步骤

STEP 01 按【Ctrl + N】键弹出【新建】对话框，将【宽度】设置为 153 像素，【高度】设置为 63 像素，【分辨率】设置为 72 像素 / 英寸，【颜色模式】设置为 RGB 颜色，【背景内容】设置为 #e0ca94，如图 4-1 所示，设置好后单击【确定】按钮，新建一个文档。

图4-1　【新建】对话框

STEP 02 显示【图层】面板，在其中单击【创建新图层】按钮，新建一个图层为"图层 1"，如图 4-2 所示；将前景色设置为 #c30505，选择【矩形工具】，在选项栏中选择像素，在画面中绘制一个矩形，如图 4-3 所示。

图4-2 【图层】面板　　图4-3　绘制矩形

STEP 03 从配套光盘的素材库中打开素材标志图

形，如图 4-4 所示；用【移动工具】将其拖动到画面中，并摆放到所需的位置，如图 4-5 所示。

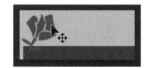

图4-4　打开的标志　　　图4-5　复制标志

STEP 04 在【图层】面板中双击"图层 1"，弹出【图层样式】对话框，在其中选择【描边】选项，将【大小】设置为 2 像素，【颜色】设置为白色，其他不变，如图 4-6 所示，设置好后单击【确定】按钮，效果如图 4-7 所示。

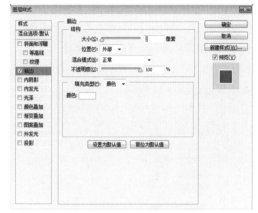

图4-6　【图层样式】对话框

图4-7　添加【描边】后的效果

STEP 05 将前景色设置为 #c30505，再选择横排文字工具，在选项栏中将参数设置为，在画面中单击并输入所需的文字，如图 4-8 所示。

图4-8　输入文字

STEP 06 按【Ctrl + A】键选择文字，在【字符】面板中设置所需的行间距与所选字符间距，如图4-9所示。

图4-9　设置字符间距

STEP 07 在【图层】菜单中执行【图层样式】→【描边】命令，弹出【图层样式】对话框，将【大小】设置为2像素，【颜色】设置为白色，其他不变，如图4-10所示，设置好后单击【确定】按钮，效果如图4-11所示。

图4-10　【图层样式】对话框

图4-11　添加【描边】后的效果

STEP 08 用【横排文字工具】在画面中适当位置单击，显示光标后在【字符】面板中设置所需的参数，将【颜色】设置为#fffc00，如图4-12所示，在画面的适当位置输入所需的文字，如图4-13所示。

图4-12　【字符】面板　　图4-13　输入文字

STEP 09 按住【Shift】键在【图层】面板中单击"图层1"，以同时选择除背景层外的所有图层，如图4-14所示，按【Ctrl + G】键将它们编成一组，如图4-15所示。

图4-14　【图层】面板　　图4-15　【图层】面板

实例36　网店界面导航栏设计

实例效果图

操作步骤

STEP 01 按【Ctrl + N】键弹出【新建】对话框，将【宽度】设置为780像素，【高度】设置为100像素，【分辨率】设置为72像素/英寸，【颜色模式】设置为RGB颜色，【背景内容】设置为白色，设置好后单击【确定】按钮，新建一个文档。

STEP 02 显示【图层】面板，在其中单击【创建新图层】按钮，新建一个图层为"图层1"，如图4-16所示；将前景色设置为黑色，选择【圆角矩形工具】，在选项栏中设置所需的参数，如

图4-17 所示，在画面中绘制一个圆角矩形，如图 4-18 所示。

图4-16　【图层】面板

图4-17　圆角矩形工具选项栏

图4-18　绘制圆角矩形

STEP 03 按【Ctrl + J】键复制一个副本，再激活"图层1"，如图 4-19 所示；在【图层】菜单中执行【图层样式】→【渐变叠加】命令，弹出【图层样式】对话框，设置所需的参数，如图 4-20 所示，设置好后单击【确定】按钮，效果如图 4-21 所示。

图4-19　【图层】面板

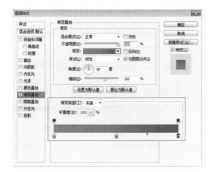

图4-20　【图层样式】对话框

图4-21　添加【渐变叠加】后的效果

说明
左边色标的颜色为 #ff6877，中间色标的颜色为 #ff5269，右边色标的颜色为 #ff032a。

STEP 04 在【图层】面板中激活"图层1副本"，以它为当前图层，单击【锁定透明像素】按钮，如图 4-22 所示；将前景色设置为白色，按【Alt + Delete】键填充白色，选择【移动工具】，在键盘上按向下键一次，使图形向下移动1个像素，效果如图 4-23 所示。

图4-22　【图层】面板

图4-23　移动图形

STEP 05 在【图层】面板中单击【添加图层蒙版】按钮，给"图层1副本"添加图层蒙版，如图 4-24 所示；选择【渐变工具】，在选项栏中选择黑白渐变，如图 4-25 所示，在画面中拖动，给蒙版进行渐变填充，将不需要的内容隐藏，效果如图 4-26 所示。

图4-24　【图层】面板　　图4-25　在选项栏中选择黑、白渐变

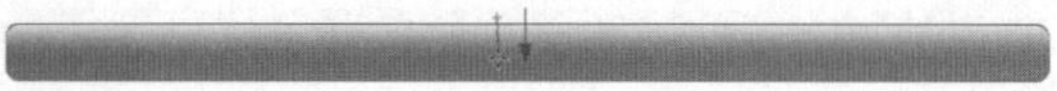

图4-26

STEP 06 在【图层】面板中将【不透明度】设置为90%，如图4-27所示，效果如图4-28所示。

图4-27 【图层】面板

图4-28 设置【不透明度】后的效果

STEP 07 在【图层】面板中单击【创建新图层】按钮，新建一个图层为"图层2"，如图4-29所示；将前景色设置为白色，选择【圆角矩形工具】，在选项栏中设置所需的参数，如图4-30所示，在画面中绘制一个白色圆角矩形，如图4-31所示。

图4-29 【图层】面板

图4-30 圆角矩形工具选项栏

图4-31 绘制圆角矩形

STEP 08 按【Ctrl+J】键复制一个副本，如图4-32

所示，选择【移动工具】，在键盘上按向下键一次，使图形向下移动1个像素；在【图层】菜单中执行【图层样式】→【渐变叠加】命令，弹出【图层样式】对话框，设置所需的参数，如图4-33所示，设置好后单击【确定】按钮，效果如图4-34所示。

图4-32 【图层】面板

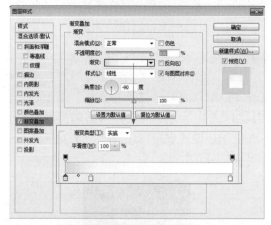

图4-33 【图层样式】对话框

图4-34 添加【渐变叠加】后的效果

说明

左边色标的颜色为#ffd6de，中间色标的颜色为#fff3f5，右边色标的颜色为白色。

STEP 09 在工具箱中选择【横排文字工具】，在选项栏中将参数设置为，在画面中适当位置单击并输入所需的文字，如图4-35所示。

图4-35　输入文字

STEP 10 用【横排文字工具】在画面中选择要更改颜色的文字，如图 4-36 所示，在选项栏中将【颜色】设置为 #ff0000，并单击✅按钮，确认文字更改，用同样的方法将其他的文字改为白色，效果如图 4-37 所示。

图4-36　更改文字颜色

图4-37　更改文字颜色

STEP 11 将前景色设置为 #e41045，选择【圆角矩形工具】，在选项栏中设置所需的参数，如图 4-38 所示；在【图层】面板中新建一个图层，如图 4-39 所示，在画面中适当位置绘制一个圆角矩形，效果如图 4-40 所示。

图4-38　圆角矩形工具选项栏

图4-39　【图层】面板

图4-40　绘制圆角矩形

STEP 12 按【Ctrl + J】键复制一个副本，并将副本图层的透明像素锁定，如图 4-41 所示；将前景色设置为白色，按【Alt + Delete】键填充前景色；选择【移动工具】，在键盘上按向下键一次，使图形向下移动 1 个像素，效果如图 4-42 所示。

图4-41　【图层】面板

图4-42 移动图形

STEP 13 在【图层】面板中单击【添加图层蒙版】按钮，给"图层 3 副本"添加图层蒙版，如图 4-43 所示；用【渐变工具】在画面中拖动，以给蒙版进行渐变填充，将不需要的内容隐藏，效果如图 4-44 所示。

图4-43　【图层】面板

图4-44　给蒙版进行渐变填充

STEP 14 在工具箱中选择【横排文字工具】，并在选项栏中将参数设置为  ，在画面中适当位置单击并输入所需的文字，如图 4-45 所示。

图4-45　输入文字

STEP 15 在工具箱中选择【自定形状工具】，在选项栏中设置所需的参数，如图 4-46 所示；在【图层】面板中新建一个图层，如图 4-47 所示，在画面中绘制形状，如图 4-48 所示。

图4-46 【自定形状工具】选项栏

图4-47 【图层】面板

图4-48 绘制形状

STEP 16 将前景色设置为 #666666，选择【横排文字工具】，在选项栏中将参数设置为，在画面中单击并输入所需的文字，如图 4-49 所示，在选项栏中单击✓按钮确认文字输入。

图4-49 输入文字

STEP 17 在画面的适当位置单击显示光标后，将前景色设置为 #a3a3a3，在选项栏中将参数设置为，输入所需的文字，如图 4-50 所示。

图4-50 输入文字

STEP 18 按住【Shift】键在【图层】面板中单击"图层 1"，以同时选择除背景层外的所有图层，如图 4-51 所示，按【Ctrl + G】键将它们编成一组，如图 4-52 所示。

图4-51 【图层】面板　　图4-52 【图层】面板

实例37 网店界面之产品目录导航设计

实例效果图

操作步骤

STEP 01 按【Ctrl + N】键弹出【新建】对话框，将【宽度】设置为 245 像素，【高度】设置为 365 像素，【分辨率】设置为 72 像素／英寸，【颜色模式】设置为 RGB 颜色，【背景内容】设置为白色，设置好后单击【确定】按钮，新建一个文档。

STEP 02 显示【图层】面板，在其中单击【创建新图层】按钮，新建一个图层为"图层 1"，如图 4-53 所示；将前景色设置为 #f54866，选择【圆角矩形工具】，在选项栏中设置所需的参数，如图 4-54 所示，在画面中绘制一个圆角矩形，如图 4-55 所示。

图4-53 【图层】面板

图4-54 圆角矩形工具选项栏

图4-55 绘制圆角矩形

STEP 03 按【Ctrl + J】键复制一个副本，并以它为当前图层，单击【锁定透明像素】按钮，如图4-56所示，锁定其透明像素；将前景色设置为白色，按【Alt + Delete】键填充白色，选择【移动工具】，在键盘上按向下键一次，使图形向下移动1个像素，效果如图4-57所示。

图4-56 【图层】面板　　　图4-57 移动图形

STEP 04 在【图层】面板中单击【添加图层蒙版】按钮，给"图层1副本"添加图层蒙版，如图4-58所示；选择【渐变工具】，在选项栏中选择黑白渐变，在画面中拖动，以给蒙版进行渐变填充，将不需要的内容隐藏，效果如图4-59所示。

图4-58 【图层】面板　　图4-59 给蒙版进行渐变
填充

STEP 05 在工具箱中选择【横排文字工具】，在选项栏中将参数设置为 ，在画面中适当位置单击并输入所需的文字，如图4-60所示。

图4-60 输入文字

STEP 06 在工具箱中选择【圆角矩形工具】，在选项栏中选择像素，将【半径】设置为2像素；前景色设置为#b90a40，在【图层】面板中新建一个图层，如图4-61所示，在画面中适当位置绘制一个圆角矩形，效果如图4-62所示。

图4-61 【图层】面板　　图4-62 绘制圆角矩形

STEP 07 在【图层】面板中新建一个图层，按住【Ctrl】键单击"图层2"的图层缩览图，如图4-63所示，使"图层2"载入选区，如图4-64所示。

STEP 08 在【选择】菜单中执行【修改】→【收缩】命令，弹出【收缩选区】对话框，将【收缩量】设置为1像素，如图4-65所示，设置好后单击【确定】按钮，将前景色设置为白色，按【Alt + Delete】键填充白色，按【Ctrl + D】键取消选择，效果如图4-66所示。

图4-63 【图层】面板

图4-64 使图层2载入选区

图4-65 【收缩选区】对话框

图4-66 填充颜色后的效果

STEP 09 在【图层】面板中单击【添加图层蒙版】按钮，给"图层3"添加蒙版，如图4-67所示；选择【渐变工具】，在选项栏的渐变拾色器中选择黑白渐变，如图4-68所示，在画面中进行拖动，以对蒙版进行修改，效果如图4-69所示。

图4-67 【图层】面板

图4-68 渐变拾色器

图4-69 渐变后的效果

STEP 10 在【图层】面板中新建一个图层为"图层4"，将前景色设置为白色；在工具箱中选择【自定形状工具】，在选项栏中选择像素，在【形状】面板中选择所需的形状，如图4-70所示，

在画面中小圆角矩形上绘制一个三角形，如图4-71所示。

图4-70 在【形状】面板

图4-71 绘制三角形

STEP 11 在【编辑】菜单中执行【变换】→【垂直翻转】命令，将小三角形进行翻转，效果如图4-72所示。

图4-72 【变换】后的效果

STEP 12 在工具箱中选择【横排文字工具】，在选项栏中将参数设置为 黑体 14.5点 ，在画面中适当位置单击并输入所需的文字，将【颜色】设置为#e7223f，如图4-73所示，在选项栏中单击✔按钮确认文字输入。

STEP 13 用与"步骤12"相同的方法在画面中适当位置分别输入所需的文字，如图4-74所示。

图4-73 输入文字

图4-74 输入文字

STEP 14 选择【横排文字工具】，将参数设置为 黑体 12点 ，在画面中分别输入所需的文字，【文本颜色】设置为黑色，如图4-75所示。

图4-75　输入文字

STEP 15 在工具箱中选择【钢笔工具】，在选项栏中设置所需的参数，将【描边】设置为#ff6a7f，如图4-76所示，在画面中绘制一条直线段，如图4-77所示。

图4-76　钢笔工具选项栏

图4-77　绘制一条直线段

STEP 16 按【Ctrl + J】键复制一条虚线，如图4-78所示，按【Shift】键将其拖动到所需的位置，如图4-79所示。

STEP 17 在【图层】面板中新建一个图层，如图4-80所示；将前景色设置为#666666，选择【自定形状工具】，在选项栏中选择像素，在【形状】面板中选择所需的形状，如图4-81所示，在画

面中文字左边绘制出该形状，如图4-82所示。

图4-78　【图层】面板

图4-79　复制一条虚线

图4-80　【图层】面板

图4-81　【形状】面板

图4-82　绘制形状

STEP 18 按【Ctrl + J】键复制一个副本，如图4-83所示，选择【移动工具】，按住【Shift】键将其向下拖动到另一组文字左边，如图4-84所示；用同样的方法将形状复制到其他的文字左边，效果如图4-85所示。

图4-83　【图层】面板

图4-84　移动并复制形状

图4-85 移动并复制形状

STEP 19 按住【Shift】键在【图层】面板中单击"图层 5",以同时选择"图层 5"与它的副本图层,如图 4-86 所示,按【Ctrl + E】键将选择的图层合并为一个图层,如图 4-87 所示。

图4-86 【图层】面板 图4-87 【图层】面板

STEP 20 在【图层】面板中新建一个图层为"图层 6",将前景色设置为 #f54866,选择【椭圆工具】,在选项栏中选择像素,在画面中红色文字左边绘制一个小圆形,如图 4-88 所示。

图4-88 绘制一个小圆形

STEP 21 在【图层】菜单中执行【图层样式】→【斜面和浮雕】命令,弹出【图层样式】对话框,设置所需的参数,将【高光模式颜色】设置为白色,【阴影模式颜色】设置为 #fffbfb,如图 4-89 所示,设置好后单击【确定】按钮,效果如图 4-90 所示。

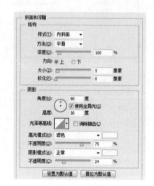

图4-89 【图层样式】对话框

图4-90 添加【斜面和浮雕】后的效果

STEP 22 在工具箱中选择【移动工具】,按【Alt + Shift】键将添加了效果的小圆形向下拖动并复制到另一组文字左边,如图 4-91 所示;用同样的方法再复制一个副本,效果如图 4-92 所示。

图4-91 移动并复制小圆 图4-92 移动并复制小圆

STEP 23 在【图层】面板中激活"背景层",单击【创建新图层】按钮,新建一个图层,如图4-93所示;在工具箱中选择【圆角矩形工具】,在选项栏中将【半径】设置为10像素,在画面中绘制一个圆角矩形,如图4-94所示。

图4-93　【图层】面板　　图4-94　绘制一个圆角矩形

STEP 24 在【图层】面板中双击图层7,弹出【图层样式】对话框,将【大小】设置为1像素,【颜色】设置为#ff98a4,如图4-95所示,效果如图4-96所示。

图4-95　【图层样式】对话框

图4-96　添加【描边】后的效果

STEP 25 在【图层样式】对话框中单击【颜色叠加】选项,将颜色为设置白色,如图4-97所示,设置好后单击【确定】按钮,效果如图4-98所示。

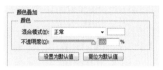

图4-97　【图层样式】对话框

图4-98　添加【颜色叠加】后的效果

STEP 26 按住【Shift】键在【图层】面板中单击最顶层,以同时选择除背景层外的所有图层,如图4-99所示,按【Ctrl + G】键将它们编成一组,如图4-100所示。

图4-99　【图层】面板　　图4-100　【图层】面板

实例38　网店界面客服中心界面设计

实例效果图

操作步骤

STEP 01 按【Ctrl + N】键弹出【新建】对话框，将【宽度】设置为 240 像素，【高度】设置为 280 像素，【分辨率】设置为 72 像素 / 英寸，【颜色模式】设置为 RGB 颜色，【背景内容】设置为白色，设置好后单击【确定】按钮，新建一个文档。

STEP 02 显示【图层】面板，并在其中单击【创建新图层】按钮，新建一个图层为"图层1"，如图 4-101 所示；设置前景色为 #fff2f9，选择【圆角矩形工具】，在选项栏中设置所需的参数，如图 4-102 所示，在画面中绘制一个圆角矩形，如图 4-103 所示。

图4-101 【图层】面板

图4-102 圆角矩形工具选项栏

图4-103 绘制圆角矩形

STEP 03 在工具箱中选择【椭圆选框工具】，在选项栏中将参数设置为 <样式：固定大小 宽度：72像素 高度：72像素>，在画面中绘制一个圆形选框，如图 4-104 所示，

按【Delete】键将选区内容删除，效果如图 4-105 所示。

图4-104 绘制圆形选框　图4-105 删除后的效果

STEP 04 在【图层】菜单中执行【图层样式】→【描边】命令，弹出【图层样式】对话框，在其中设置【大小】为 1 像素，【颜色】为 #ffc2c9，如图 4-106 所示，设置好后单击【确定】按钮，即可得到如图 4-107 所示的效果。

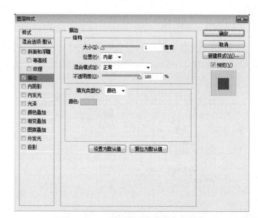

图4-106 【图层样式】对话框

图4-107 添加【描边】后的效果

STEP 05 在【图层】面板中单击【创建新图层】按钮，新建一个图层，如图 4-108 所示。设置前景色为 #ff5d77，然后按【Alt + Del】键将其填充为前景色，填充颜色后的效果如图 4-109 所示。

图4-108　【图层】面板　　图4-109　填充颜色后的效果

STEP 06 在【图层】菜单中执行【图层样式】→【渐变叠加】命令，弹出【图层样式】对话框，在其中设置所需的参数，如图 4-110 所示，设置好后的画面效果如图 4-111 所示。

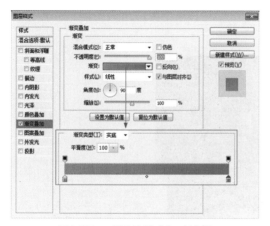

图4-110　　【图层样式】对话框

图4-111　添加【渐变叠加】后的效果

STEP 07 在【图层样式】对话框的左边栏中选择【描边】选项，再设置【大小】为 8 像素，【颜色】为白色，【位置】为内部，如图 4-112 所示，设置好后单击【确定】按钮，得到如图 4-113 所示的效果。

图4-112　　【图层样式】对话框

图4-113　添加【描边】后的效果

STEP 08 在【图层】面板中单击【创建新图层】按钮，新建一个图层。在【选择】菜单中执行【修改】→【收缩】命令，弹出【收缩选区】对话框，在其中设置【收缩量】为 9 像素，如图 4-114 所示，单击【确定】按钮，将选区缩小，如图 4-115 所示。然后设置前景色为白色，按【Alt + Del】键将其填充为白色，填充颜色后的效果如图 4-116 所示。按【Ctrl + D】键取消选择。

图4-114【收缩选区】对话框

图4-115　收缩选区后的　　图4-116　填充颜色后的
　　　　　效果　　　　　　　　　　　效果

STEP 09 在【图层】面板中单击【添加图层蒙版】按钮，给图层 3 添加图层蒙版，如图 4-117 所示。在工具箱中选择【渐变工具】，并在选项栏的渐变拾色器中选择黑、白渐变，如图 4-118 所示，然后在画面中进行拖动，对蒙版进行渐变填充，修改蒙版后的效果如图 4-119 所示。

图4-117 【图层】面板

图4-118 渐变拾色器

图4-119 对蒙版进行渐变填充

STEP 10 从配套光盘的素材库中打开一张已经准备好的图片，并使用【移动工具】将其拖动到画面的圆形按钮上，如图 4-120 所示。

图4-120 移动并复制图片

STEP 11 在工具箱中选择【横排文字工具】，并在选项栏中设置相应的参数，然后在画面中单击并输入所需的文字，如图 4-121 所示，输入好后在选项栏中单击☑按钮确认文字输入。再用

同样的方法输入其他的文字，输入好文字后的效果如图 4-122 所示。

图4-121 输入文字　　　　图4-122 输入文字

STEP 12 设置前景色为红色，在【图层】面板中新建一个图层为"图层 5"，再使用【椭圆工具】在画面中"平日"文字前绘制一个小圆形，如图 4-123 所示。

图4-123 绘制一个小圆形

STEP 13 按【Ctrl + J】键复制一个副本，再使用【移动工具】并按住【Shift】键将其向下拖动到适当位置，如图 4-124 所示。接着使用同样的方法再复制多个副本并排放好，效果如图 4-125所示。

- 平日：上午9点到下午6点
- 星期六：上午9点至下午2点
- 午餐时间：中午12点至下午1点
- 星期日、节假日：休息

图4-124 移动并复制小圆形

- 平日：上午9点到下午6点
- 星期六：上午9点至下午2点
- 午餐时间：中午12点至下午1点
- 星期日、节假日：休息

图4-125 移动并复制小圆形

STEP 14 按住【Shift】键在【图层】面板中单击
"图层5",同时选择"图层5"与其副本图层,
如图4-126所示。再按【Ctrl + E】键将选择的图
层合并为一个图层,如图4-127所示。

图4-126 【图层】面板 图4-127 【图层】面板

STEP 15 在工具箱中选择【钢笔工具】,在选项
栏中设置所需的参数,其中【颜色】为#ff6a7f,
如图4-128所示;然后在画面中适当位置绘制一
条虚线,如图4-129所示。

图4-128 钢笔工具选项栏

图4-129 绘制虚线

STEP 16 按【Ctrl】键在画面的空白处单击完成
虚线绘制,如图4-130所示;再使用同样的方法
绘制两条虚线,如图4-131所示。

图4-130 完成虚线绘制 图4-131 绘制虚线

STEP 17 从配套光盘中打开所需的图片,如图
4-132所示。再使用【移动工具】将它们分别拖
动到画面中并摆放到适当位置,如图4-133所示。

图4-132 打开的图片

图4-133 移动并复制图片

STEP 18 在工具箱中选择【横排文字工具】,并
在选项栏中设置相应的参数,再在画面中分别输
入所需的文字,输入好后的画面效果如图4-134
所示。

图4-134 输入文字

STEP **19** 在【图层】面板中选择最顶层，再按【Shift】键在【图层】面板中单击"图层 1"，以同时选择除背景层外的所有图层，如图 4-135 所示，按【Ctrl + G】键将它们编成一组，结果如图 4-136 所示。

图4-135　【图层】面板　　图4-136　【图层】面板

实例39　网店界面购物账户栏设计

实例效果图

 操作步骤

STEP **01** 按【Ctrl + N】键弹出【新建】对话框，在其中设置【宽度】为 255 像素，【高度】为 495 像素，【分辨率】为 72 像素 / 英寸，【颜色模式】为 RGB 颜色，【背景内容】为白色，设置好后单击【确定】按钮，新建一个文档。

STEP **02** 从配套光盘的素材库中打开一个有相框的文件，如图 4-137 所示，再选择【移动工具】，将图片拖动到新建的文档中并排放到适当位置，如图 4-138 所示。

 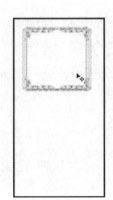

图4-137　打开的文件　　图4-138　移动并复制图片

STEP **03** 同样从配套光盘的素材库中打开一张图片，将其拖动到画面中并排放到所需的位置，如图 4-139 所示。

图4-139　移动并复制图片

STEP **04** 在工具箱中选择【钢笔工具】，在选项栏中设置所需的参数，如图 4-140 所示。然后按住【Shift】键在画面中适当位置绘制两条虚线，如图 4-141 所示。

图4-140　钢笔工具选项栏

图4-141　绘制虚线

STEP 05 在工具箱中选择【横排文字工具】，在选项栏中设置参数为 ，然后在画面中单击并输入所需的文字，如图4-142所示，输入好后在选项栏中单击 按钮确认文字输入。再使用同样的方法输入其他的文字，输入好文字后的效果如图4-143所示。

图4-142　输入文字

图4-143　输入文字

STEP 06 从配套光盘的素材库中打开一个有图标的文档，如图4-144所示，再选择【移动工具】，将图标分别拖动到画面中并排放到适当位置，如图4-145所示。

图4-144　打开的文档

图4-145　移动并复制图标

STEP 07 按住【Shift】键在【图层】面板中单击"图层3"，以同时选择这些图层，如图4-146所示；在选项栏中单击 与 按钮，将它们进行对齐与分布，效果如图4-147所示。

图4-146　【图层】面板　　图4-147　对齐与分布后的效果

STEP 08 在工具箱中选择【横排文字工具】，在选项栏中设置参数为 ，【文本颜色】为#666666，然后在画面中单击并输入所需的文字，如图4-148所示，输入好后在选项栏中单击 按钮确认文字输入。再使用同样的方法输入其他的文字，其【字体大小】为12点，【文本颜色】为#999999，效果如图4-149所示。

图4-148　输入文字　　图4-149　输入文字

STEP 09 使用同样的方法输入其他的文字，效果如图4-150所示。

图4-150 输入文字

STEP 10 在工具箱中选择【钢笔工具】,在选项栏中设置所需的参数,其中【描边】为 #999999,如图 4-151 所示。然后按住【Shift】键在画面中的适当位置绘制四条虚线,如图 4-152 所示。

图4-151 钢笔工具选项栏

图4-152 绘制虚线

STEP 11 在【图层】面板中选择最顶层,再按住【Shift】键在【图层】面板中单击"图层 1",以同时选择除背景层外的所有图层,如图 4-153 所示,按【Ctrl + G】键将它们编成一组,结果如图 4-154 所示。

图4-153 【图层】面板 图4-154 【图层】面板

实例40 网店界面底部栏位设计

实例效果图

 操作步骤

STEP 01 按【Ctrl + N】键弹出【新建】对话框,在其中设置【宽度】为 1000 像素,【高度】为 159 像素,【分辨率】为 72 像素 / 英寸,【颜色模式】为 RGB 颜色,【背景内容】为白色,设置好后单击【确定】按钮,新建一个文档。

STEP 02 在工具箱中选择圆角矩形工具,在选项栏 中选择形状,再设置所需的参数,如图 4-155 所示,然后在画面中绘制一个圆角矩形,如图 4-156 所示。

图4-155 圆角矩形工具选项栏

图4-156 绘制圆角矩形

STEP 03 在【图层】菜单中执行【图层样式】→【描边】命令，弹出【图层样式】对话框，在其中设置【大小】为2像素，【位置】为内部，【颜色】为#ff98a4，如图4-157所示，设置好后单击【确定】按钮，得到如图4-158所示的描边效果。

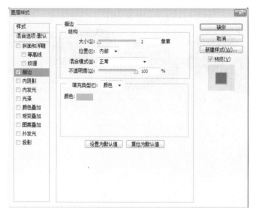

图4-157 【图层样式】对话框

图4-158 添加【描边】后的效果

STEP 04 打开前面制作好的标志文件，如图4-159所示。按【Ctrl + E】键将"组1"合并为一个图层，如图4-160所示。

图4-159 打开的标志文件

图4-160 合并图层

STEP 05 在【图层】面板中将"组1"图层拖动到画面中，如图4-161所示，然后排放到适当位置，如图4-162所示。

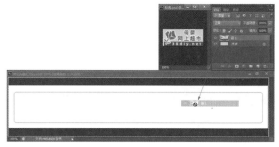

图4-161 移动并复制时的状态

图4-162 移动并复制标志

STEP 06 在【图像】菜单中执行【调整】→【去色】命令，将标志颜色改变灰度图像，如图4-163所示。

图4-163 去色后的效果

STEP 07 在工具箱中选择【圆角矩形工具】，在选项栏中选择形状，再设置【填充】为#f46887，在画面中的适当位置单击，将弹出一个【创建圆角矩形】对话框，在其中设置【宽度】为385像素，【高度】为19像素，【半径】为10像素，如图4-164所示，设置好后单击【确定】按钮，即可得到一个圆角矩形，如图4-165所示。

图4-164 【创建圆角矩形】对话框

图4-165 绘制圆角矩形

STEP 08 在工具箱中选择【横排文字工具】，在选项栏中设置参数为 ，再在画面中输入所需的文字，效果如图 4-166 所示。

图4-166 输入文字

STEP 09 使用同样的方法在画面中的其他位置分别输入所需的文字，效果如图 4-167 所示。

图4-167 输入文字

STEP 10 从配套光盘中打开所需的图标，再使用【移动工具】将它们分别拖动到画面，并排放到适当位置，如图 4-168 所示。

图4-168 移动并复制图标

STEP 11 在【图层】面板中选择最顶层，再按【Shift】键在【图层】面板中单击最底层，以同时选择除背景层外的所有图层，如图 4-169 所示，按【Ctrl + G】键将它们编成一组，结果如图 4-170 所示。

图4-169 【图层】面板　　图4-170 【图层】面板

实例41　网店界面广告图片设计之一

实例效果图

操作步骤

STEP 01 从配套光盘的素材库中打开一张背景图片，如图 4-171 所示。

图4-171 打开的背景图片

STEP 02 从配套光盘的素材库中打开一张图片，如图 4-172 所示，再选择【移动工具】，将图片拖动到背景图片中，并排放到适当位置，如图 4-173 所示。

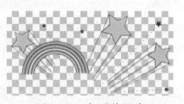

图4-172 打开的图片

图4-173 移动并复制图片

STEP 03 从配套光盘的素材库中打开 4 张图片，如图 4-174 ~ 图 4-177 所示，再选择【移动工具】，将图片分别拖动到背景图片中，并排放到适当位置，如图 4-178 所示。

图4-174 打开的图片

图4-175 打开的图片

图4-176 打开的图片

图4-177 打开的图片

图4-178 移动并复制图片

STEP 04 在工具箱中选择【横排文字工具】，设置前景色为黑色，在选项栏中设置参数为 ，然后在画面中单击并输入所需的文字，如图 4-179 所示，输入好后在选项栏中单击 按钮确认文字输入。

图4-179 输入文字

STEP 05 在画面中适当位置单击显示光标，在选项栏中设置参数为 ，【文本颜色】为 #ea0047，然后输入所需的文字，如图 4-180 所示，在选项栏中 按钮确认文字输入。再使用同样的方法输入其他的文字并进行适当的排放，效果如图 4-181 所示。

图4-180 输入文字

图4-181 输入文字

STEP 06 在【图层】面板中单击【创建新图层】按钮，新建一个图层，如图 4-182 所示。设置前景色为 #ea0047，选择【自定形状工具】，在选项栏 中选择像素，在【形状】面板中选择所需的形状，如图 4-183 所示，然后在画面中适当的位置绘制一个图形，效果如图4-184 所示。

图4-182 【图层】面板

图4-183 【形状】面板

图4-184 绘制形状后的效果

STEP 07 在工具箱中选择【横排文字工具】，设置前景色为白色，在选项栏中设置参数为 工 果体 ┊ 14点 ┊ 锐利 ，然后在画面中单击并输入所需的文字，如图 4-185 所示，输入好后在选项栏中单击 ✓ 按钮确认文字输入。作品就制作完成了。

图4-185 输入文字

实例42 网店界面广告图片设计之二

实例效果图

操作步骤

STEP 01 按【Ctrl + N】键弹出【新建】对话框，

在其中设置【宽度】为505像素，【高度】为275像素，【分辨率】为72像素/英寸，【颜色模式】为RGB颜色，【背景内容】为白色，设置好后单击【确定】按钮，新建一个文档。

STEP 02 设置前景色为#005981，背景色为白色，选择【渐变工具】，在选项栏的渐变拾色器中选择前景色到背景色渐变，如图 4-186 所示，然后在画面中拖动，以给画面进行渐变填充，效果如图 4-187 所示。

图4-186 渐变拾色器

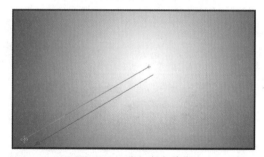

图4-187 进行渐变填充

STEP 03 从配套光盘的素材库中打开一张图片，如图 4-188 所示，再选择移动工具，将图片拖动到背景图片中，然后在【图层】面板中将其【不透明度】修改为30%，如图 4-189 所示，画面效果如图 4-190 所示。

图4-188 打开的图片

图4-189 【图层】面板

图4-189 【图层】面板

图4-190 改变【不透明度】后的效果

图4-194 更改【混合模式】后的效果

STEP 04 从配套光盘的素材库中打开一张图片，如图 4-191 所示，再选择【移动工具】，将图片拖动到背景图片中并排放到适当位置，如图4-192 所示。

STEP 06 从配套光盘的素材库中打开一张图片，如图 4-195 所示，再选择移动工具，将图片拖动到背景图片中并排放到适当位置，如图 4-196 所示。

图4-191 打开的图片

图4-195 打开的图片

图4-196 移动并复制图片

图4-192 移动并复制图片

STEP 05 在【图层】面板中将"图层3"的【混合模式】修改为滤色，如图 4-193 所示，从而得到如图 4-194 所示的效果。

STEP 07 在【图层】面板中单击【添加图层蒙版】按钮，给"图层4"添加蒙版，如图 4-197 所示，再选择【渐变工具】，在选项栏的渐变拾色器中选择"黑、白渐变"，如图 4-198 所示，然后在画面中进行拖动，将不需要的内容隐藏，效果如图 4-199 所示。

图4-197 【图层】面板

图4-198 渐变拾色器

图4-199 进行渐变填充后的效果

STEP 08 在【图层】面板中单击【创建新的填充或调整图层】按钮，在弹出的菜单中选择【色阶】命令，如图 4-200 所示，显示【属性】面板，再在其中设置所需的参数，如图 4-201 所示，设置好后的画面效果如图 4-202 所示。

图4-200 【图层】面板

图4-201 【属性】面板

图4-202 执行【色阶】命令后的效果

STEP 09 从配套光盘的素材库中打开两张图片，如图 4-203、图 4-204 所示，再选择【移动工具】，将图片分别拖动到背景图片中并排放到适当位置，如图 4-205 所示。

图4-203 打开的图片   图4-204 打开的图片

图4-205 移动并复制图片

STEP 10 在工具箱中选择【横排文字工具】，设置前景色为黑色，在选项栏中设置参数为 文鼎特粗宋繁 37点 ，然后在画面中单击并输入所需的文字，如图 4-206 所示，输入好后在选项栏中单击 按钮确认文字输入。

图4-206 输入文字

STEP 11 在【图层】面板中双击文字图层，弹出【图层样式】对话框，在其中选择【渐变叠加】选项，再在右边栏中设置所需的参数，如图 4-207 所示，效果如图 4-208 所示。

说明
左边色标的【颜色】为 #a90014，右边色标的【颜色】为黑色。

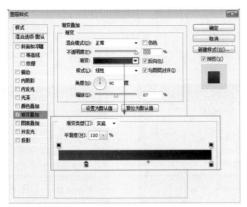

图4-207 【图层样式】对话框

图4-208 添加【渐变叠加】后的效果

STEP 12 在【图层样式】对话框的左边栏中选择【外发光】选项，再在右边栏中设置所需的参数，如图 4-209 所示，设置好后单击【确定】按钮，得到如图 4-210 所示的效果。

图4-209 【图层样式】对话框

图4-210 添加【外发光】后的效果

STEP 13 在画面的适当位置单击显示光标后在选项栏中设置参数为 [T] [Trebuchet MS] [Regular] [a] [12点]，然后输入所需的文字，如图 4-211 所示。选择要更改颜色的文字，如图 4-212 所示，在选项栏中设置【文本颜色】为红色，单击 ✔ 按钮，确认文字输入，得到如图 4-213 所示的效果。

图4-211 输入文字

图4-212 更改文字颜色

图4-213 更改文字颜色后的效果

STEP 14 使用上面同样的方法在画面中输入所需的文字，并根据需要设置字体与字体大小以及文本颜色，效果如图 4-214 所示。

图4-214 输入文字

243

STEP 15 在【图层】面板中单击【创建新图层】按钮，新建一个图层，如图4-215所示。在工具箱中设置前景色为#4775a2，选择【椭圆工具】，在选项栏 中选择像素，然后在画面中绘制一个小圆形，如图4-216所示。

图4-215　【图层】面板

图4-216　绘制一个小圆形

STEP 16 在工具箱中选择【移动工具】，按【Alt + Shift】键将椭圆向右拖动到适当位置，以复制一个副本，如图4-217所示；再使用同样的方法复制多个副本，效果如图4-218所示。

图4-217　移动并复制小圆形

图4-218　移动并复制小圆形

STEP 17 按【Ctrl】键在【图层】面板中单击要选择的图层，如图4-219所示，按【Ctrl + E】键将它们合并为一个图层，结果如图4-220所示。

图4-219　【图层】面板　　图4-220　【图层】面板

STEP 18 按【Ctrl】键在【图层】面板中单击要选择的图层，如图4-221所示，按【Ctrl + E】键将它们合并为一个图层。在【图层】菜单中执行【图层样式】→【颜色叠加】命令，弹出【图层样式】对话框，在其中设置【颜色】为#f67221，如图4-222所示，设置好后单击【确定】按钮，得到如图4-223所示的效果。

图4-221　【图层】　图4-222　【图层样式】对话框
面板

图4-223　添加【颜色叠加】后的效果

STEP 19 设置前景色为#f67221，在【图层】面

板中单击【创建新图层】按钮，新建一个图层，如图 4-224 所示。在工具箱中选择【自定形状工具】，在选项栏 中选择像素，在【形状】面板中选择所需的形状，如图 4-225 所示，然后在画面中适当的位置绘制一个图形，效果如图 4-226 所示。

图4-224 【图层】面板　　图4-225 【形状】面板

图4-226 绘制一个图形

STEP 20 在工具箱中选择【横排文字工具】，设置前景色为白色，在选项栏中设置参数为 ，然后在画面中单击并输入所需的文字，如图 4-227 所示，输入好后在选项栏中单击 按钮确认文字输入。

图4-227 输入文字

STEP 21 在画面的适当位置单击显示光标后在选项栏中设置参数为 ，然后输入所需的文字，如图 4-228 所示，单击 按钮，确认文字输入。

图4-228 输入文字

STEP 22 使用同样的方法输入所需的文字，并选择要更改颜色的文字，将其【文本颜色】改为 #f67221，如图 4-229 所示。

图4-229 输入文字

STEP 23 在【图层】菜单中执行【图层样式】→【描边】命令，弹出【图层样式】对话框，在其中设置【大小】为 2 像素，【颜色】为白色，如图 4-230 所示，设置好后单击【确定】按钮，得到如图 4-231 所示的效果。作品就制作完成了。

图4-230 【图层样式】对话框

图4-231 添加【描边】后的效果

实例43 网店界面广告图片设计之三

实例效果图

STEP 01 按【Ctrl + N】键弹出【新建】对话框，在其中设置【宽度】为 505 像素，【高度】为 275 像素，【分辨率】为 72 像素／英寸，【颜色模式】为 RGB 颜色，【背景内容】为白色，设置好后单击【确定】按钮，新建一个文档。

STEP 02 从配套光盘的素材库中打开一张图片，如图 4-232 所示，再选择移动工具，将图片拖动到新建的文档中并排放到适当位置，如图 4-233 所示。

图4-232 打开的图片

图4-233 移动并复制图片

STEP 03 在【图层】面板中单击【添加图层蒙版】按钮，给"图层1"添加图层蒙版，如图 4-234 所示，再在工具箱中选择【渐变工具】，

在选项栏  中选择【线性渐变】按钮，然后在画面中拖动，将画面中不需要的部分隐藏，效果如图 4-235 所示。

图4-234 【图层】面板

图4-235 将画面中不需要的部分隐藏

STEP 04 从配套光盘的素材库中打开几张图片，如图 4-236 至图 4-240 所示，再选择【移动工具】，将图片分别拖动到新建的文档中并排放到适当位置，如图 4-241 所示。

图4-236 打开的图片

图4-237 打开的图片

图4-238 打开的图片

图4-239 打开的图片

图4-240　打开的图片

图4-241　移动并复制图片

STEP 05 在工具箱中选择【横排文字工具】，设置前景色为 #e71f19，在选项栏中设置参数为 文[方黑种黑屋]　47点 | 锐利 ，然后在画面中单击并输入所需的文字，如图 4-242 所示，输入好后在选项栏中单击✓按钮确认文字输入。

图4-242　输入文字

STEP 06 在【图层】菜单中执行【图层样式】→【描边】命令，弹出【图层样式】对话框，在其中设置【大小】为 2 像素，【颜色】为 #53090e，如图 4-243 所示，效果如图 4-244 所示。

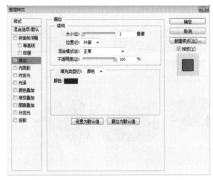

图4-243　【图层样式】对话框

图4-244　添加【描边】后的效果

STEP 07 在【图层样式】对话框左边栏中选择【投影】选项，再设置所需的参数，如图 4-245 所示，设置好后单击【确定】按钮，得到如图 4-246 所示的效果。

图4-245　【图层样式】对话框

图4-246　添加【投影】后的效果

STEP 08 使用【横排文字工具】在画面中分别输入所需的文字，并根据需要设置字体与字体大小，输入好文字后的效果如图 4-247 所示。

图4-247　输入文字

STEP 09 在画面的适当位置单击显示光标后，在选项栏中设置参数为  ，其中【文本颜色】为#d9253e，然后在画面中输入所需的文字，如图4-248所示。

图4-248 输入文字

STEP 10 在文字中选择最前面的文字，再在选项栏 `61点` 中将【字体大小】改为61点，如图4-249所示，然后单击 ✓ 按钮，确认文字输入。

图4-249 编辑文字

STEP 11 在【图层】面板中将创建的文字图层的【不透明度】修改为50%，如图4-250所示。

图4-250 设置【不透明度】后的效果

STEP 12 使用【横排文字工具】在画面中单击并输入所需的文字，同样在【图层】面板中将其【不透明度】修改为50%，如图4-251所示。

图4-251 输入文字并设置【不透明度】后的效果

STEP 13 设置前景色为#b91c22，再选择【椭圆工具】，在选项栏 中选择形状，然后在画面中绘制一个圆形，如图4-252所示。

图4-252 绘制一个圆形

STEP 14 使用【椭圆工具】在刚绘制的圆形上再绘制一个圆形，然后在选项栏中设置所需的参数，如图4-253所示，得到如图4-254所示的效果。

图4-253 椭圆工具选项栏

图4-254 绘制一个圆形

STEP 15 在工具箱中选择【横排文字工具】，设置前景色为白色，在选项栏中设置参数为 ，然后在画面中单击并输入所需的文字，如图 4-255 所示，输入好后在选项栏中单击 ✓ 按钮确认文字输入。

图4-255　输入文字

STEP 16 按【Ctrl + T】键执行【自由变换】命令，显示变换框，再对变换框进行旋转，如图 4-256 所示，旋转好后在选项栏中单击 ✓ 按钮，确认变换，得到如图 4-257 所示的效果。作品就制作完成了。

图4-256　对变换框进行旋转

图4-257　旋转文字后的效果

实例44　网店界面广告窗口设计

实例效果图

操作步骤

STEP 01 按【Ctrl + N】键弹出【新建】对话框，在其中设置【宽度】为770 像素，【高度】为375 像素，【分辨率】为72 像素/英寸，【颜色模式】为 RGB 颜色，【背景内容】为白色，设置好后单击【确定】按钮，新建一个文档。

STEP 02 设置前景色为 #f0e5c0，在工具箱中选择 ▣【圆角矩形工具】，在选项栏中选择形状，在画面中单击弹出【创建圆角矩形】对话框，在其中设置【宽度】为 510 像素，【高度】为 280 像素，【半径】为 15 像素，如图 4-258 所示，设置好后单击【确定】按钮，即可得到一个指定大小的圆角矩形，如图 4-259 所示。

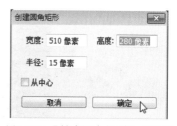

图4-258　【创建圆角矩形】对话框

图4-259　绘制圆角矩形

STEP 03 在【图层】面板中双击形状图层，弹出【图层样式】对话框，在其中选择【描边】选项，再设置【大小】为 8 像素，【位置】为居中，【颜色】为 #ff98a4，如图 4-260 所示，设置好后单击【确定】按钮，即可得到如图 4-261 所示的效果。

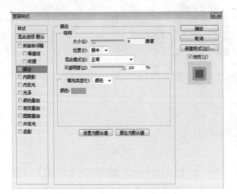

图4-260 【图层样式】对话框

图4-261 添加【描边】后的效果

STEP 04 打开前面已经制作好的广告图片，如图 4-262 所示。再按【Alt + Shift + Ctrl + E】键将所有可见图层合并为一个新图层（也称盖印图层）。结果如图 4-263 所示。

图4-262 打开已经制作好的文件

图4-263 盖印图层

STEP 05 在工具箱中选择【移动工具】将合并的新图层向刚新建的文档中拖动，如图 4-264 所示，将其复制到新建的文档中并排放到所需的位置，如图 4-265 所示。

图4-264 拖动文档时的状态

图4-265 移动并复制对象

STEP 06 按【Ctrl】键在【图层】面板中单击"圆角矩形 1"形状图层的图层缩览图，使它载入选区，如图 4-266 所示。

图4-266 载入选区

STEP 07 在【选择】菜单中执行【修改】→【收缩选区】命令，弹出【收缩选区】对话框，在其中设置【收缩量】为 4 像素，如图 4-267 所示，设置好后单击【确定】按钮，即可得到如图 4-268 所示的选区。

图4-267 【收缩选区】对话框

图4-268 收缩量后的效果

STEP 08 在【图层】面板中单击【添加图层蒙版】按钮，由选区建立图层蒙版，如图 4-269 所示，得到如图 4-270 所示的效果。

图4-269 【图层】面板

图4-270 添加图层蒙版后的效果

STEP 09 在【图层】面板中单击【创建新图层】按钮，新建一个图层，如图 4-271 所示。在【路径】面板中单击【创建新路径】按钮，新建一个路径，如图 4-272 所示。在工具箱中选择【钢笔工具】，在选项栏 中选择路径，然后在画面的右下角适当位置绘制一个路径，如图 4-273 所示。

图 4-271 【图层】面板

图 4-272 【路径】面板

图4-273 绘制一个路径

STEP 10 设置前景色为 #ff7200，在【路径】面板中单击 按钮，将"路径 1"载入选区，如图 4-274 所示，再按【Alt + Del】键填充前景色，得到如图 4-275 所示的效果。

图4-274 【路径】面板

图4-275 填充颜色后的效果

STEP 11 在【图层】面板中新建一个图层，如图 4-276 所示，按【M】键选择【选框工具】，移动指针到选区内，按下左键向下拖动到适当位置。再设置前景色为 #cecece，按【Alt + Del】键填充前景色，得到如图 4-277 所示的效果。

图4-276 【图层】面板

图4-281　输入文字

图4-277　填充颜色后的效果

STEP **12** 在【图层】面板中新建一个图层，使用【选框工具】将选区向下拖动到适当位置，如图4-278所示。按【Alt＋Del】键填充前景色，得到如图4-279所示的效果。按【Ctrl＋D】键取消选择。

实例45　网店界面之搜索栏设计

实例效果图

图4-278　【图层】面板

图4-279　填充颜色后的效果

STEP **13** 在工具箱中设置前景色为白色，选择【横排文字工具】，在选项栏中设置参数为 Arial Regular 14点，然后在画面中单击并输入所需的文字（如：01），如图4-280所示，输入好后在选项栏中单击✓按钮确认文字输入。使用同样的方法在另外的两个图形上输入所需的文字，效果如图4-281所示。

STEP **01** 打开前面制作好的文件，如图4-282所示，再按【Ctrl】键在【图层】面板中单击要选择的图层，以同时选择它们，如图4-283左所示，然后按【Ctrl＋G】键将选择的图层编成一组，效果如图4-283右所示。

图4-282　打开制作好的文件

图4-283　【图层】面板

图4-280　输入文字

STEP 02 在【图层】面板中单击【创建新组】按钮,新建一个组,如图 4-284 所示。设置前景色为 #ff7200,在工具箱中选择【圆角矩形工具】,在选项栏□ ▼ 形状 □中选择形状,在画面中适当位置单击弹出【创建圆角矩形】对话框,在其中设置【宽度】为 520 像素,【高度】为 33 像素,【半径】为 15 像素,如图 4-285 所示,设置好后单击【确定】按钮,即可得到一个指定大小的圆角矩形,如图 4-286 所示。

图4-284 【图层】面板　　图4-285 【创建圆角矩形】对话框

图4-286 绘制圆角矩形

STEP 03 在画面中适当位置单击弹出【创建圆角矩形】对话框,在其中设置【宽度】为 100 像素,【高度】为 21 像素,【半径】为 15 像素,如图 4-287 所示,设置好后单击【确定】按钮,即可得到一个指定大小的圆角矩形,再在选项栏中设置【填充】为白色,结果如图 4-288 所示。

图4-287 【创建圆角矩形】对话框

图4-288 绘制圆角矩形

STEP 04 在画面中白色圆角矩形的右边单击弹出【创建圆角矩形】对话框,在其中设置【宽度】为 180 像素,【高度】为 21 像素,【半径】为 15 像素,设置好后单击【确定】按钮,即可得到一个指定大小的圆角矩形,如图 4-289 所示。然后在白色圆角矩形的右边单击弹出【创建圆角矩形】对话框,在其中设置【宽度】为 47 像素,其他不变,如图 4-290 所示,设置好后单击【确定】按钮,即可得到一个指定大小的圆角矩形,再在选项栏中设置【填充】为黑色,结果如图 4-291 所示。

图4-289 绘制圆角矩形

图4-290 【创建圆角矩形】对话框

图4-291 绘制圆角矩形

STEP 05 在【图层】菜单中执行【图层样式】→【渐变叠加】命令,弹出【图层样式】对话框,在其中设置所需的参数,如图 4-292 所示,效果如图 4-293 所示。

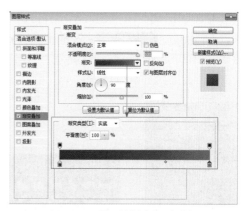

图4-292 【图层样式】对话框

图4-293 添加【渐变叠加】后的效果

> 左边色标的颜色为 #333333，右边色标的颜色为 #6d6d6d。

STEP 06 在【图层样式】对话框的左边栏中选择【描边】选项，再设置【大小】为 1 像素，【位置】为内部，【颜色】为黑色，其他不变，如图 4-294 所示，设置好后单击【确定】按钮，得到如图 4-295 所示的效果。

图4-294 【图层样式】对话框

图4-295 添加【描边】后的效果

STEP 07 从配套光盘的素材库中打开一个放大镜图标，并使用【移动工具】将其拖动到画面中来并排放到适当位置，如图 4-296 所示。

图4-296 打开并复制图标

STEP 08 在【图层】面板中单击【创建新图层】按钮，新建一个图层，如图 4-297 所示。接着在工具箱中设置前景色为白色，选择【自定形状工具】，在选项栏 中选择像素并选择如图 4-298 所示的形状，然后在画面中绘制出所选的形状，效果如图 4-299 所示。

图4-297 【图层】面板

图4-298 自定形状工具选项栏

图4-299 绘制形状

STEP 09 按【Ctrl + J】键复制一个副本，在【图层】面板中单击【锁定透明像素】按钮，锁定透明像素，如图 4-300 所示。设置前景色为黑色，然后按【Alt + Del】键填充黑色，再将其拖动到所需的位置，如图 4-301 所示。

图4-300 【图层】面板

图4-301 移动并复制形状

STEP 10 在【编辑】菜单中执行【自由变换】→【旋转 90 度（顺时针）】命令，将副本进行旋转，旋转后的效果如图 4-302 所示。

图4-302

STEP 11 在工具箱中选择【横排文字工具】，设置前景色为白色，在选项栏中设置参数为 ，然后在画面中单击并输入所需的文字，如图 4-303 所示，输入好后在选项栏中单击✓按钮确认文字输入。

图4-303 输入文字

STEP 12 使用同样的方法输入其他的文字，如图 4-304 所示。搜索栏就制作完成了。

图4-304　输入文字

实例46　网店界面右侧广告设计

实例效果图

STEP 01 接着上例进行介绍，在【图层】面板中单击【创建新组】按钮，新建一个图层组，如图4-305所示。

图4-305　新建一个图层组

STEP 02 在【图层】面板中单击【创建新图层】按钮，新建一个图层，如图4-306所示。在【路径】面板中单击【创建新路径】按钮，新建一个路径，如图4-307所示。在工具箱中选择【圆角矩形工具】，并在选项栏中设置参数为 ，然后在画面中绘制出一个圆角矩形路径，如图4-308所示。

图4-306　【图层】面板　　图4-307　【路径】面板

图4-308　绘制一个圆角矩形

STEP 03 在【路径】面板中单击 （将路径作为选区载入）按钮，如图4-309所示，将路径载入选区。接着在【编辑】菜单中执行【描边】命令，弹出【描边】对话框，在其中设置【宽度】为8像素，【颜色】为#ff98a4，【位置】为居外，如图4-310所示，设置好后单击【确定】按钮，即可得到如图4-311所示的效果。

图4-309　【路径】面板　　图4-310　【描边】对话框

图4-311　描边后的效果

STEP 04 在工具箱中选择【矩形选框工具】，在选项栏中框选出所需的部分，如图4-312所示。

图4-312 用矩形选框工具框选出所需的部分

STEP 05 按【Ctrl + J】键由选区复制一个图层，再关闭"图层7"，如图4-313所示，从而得到如图4-314所示的效果。

图4-313 【图层】面板

图4-314 关闭图层后的效果

STEP 06 从配套光盘的素材库中打开两张图片，如图4-315所示，然后分别使用【移动工具】将它们拖动到画面中并排放到适当位置，如图4-316所示。

图4-315 打开的图片

图4-316 移动并复制图片

STEP 07 在【图层】面板中单击【创建新图层】按钮，新建一个图层，如图4-317所示。设置前景色为#f0eeee，选择【直线工具】，并在选项栏中设置参数为 ，然后在画面中绘制三条直线，绘制好后的效果如图4-318所示。

图4-317 【图层】面板

图4-318 绘制直线

STEP 08 在【图层】面板中单击【创建新图层】按钮，新建一个图层为"图层12"，如图4-319所示。再设置前景色为#ffe118，选择【自定形状工具】，在选项栏 中选择像素，在【形状】面板中选择所需的形状，如图4-320所示。在画面中适当位置绘制出刚选择的形状，如图4-321所示。

图4-319 【图层】面板

图4-320 【形状】面板

图4-321 绘制形状

STEP 09 在【编辑】菜单中执行【自由变换】下的【水平翻转】命令，得到如图4-322所示的效果。

图4-322 【水平翻转】后的效果

STEP 10 在【图层】面板中单击【创建新图层】按钮，新建一个图层为"图层13"，设置前景色为#f8f6ef，选择【圆角矩形工具】，在选项栏中设置参数为 ▢ ▾ 像素 ▾ ，【半径】为20像素，然后在画面中绘制出一个圆角矩形，如图4-323所示。

图4-323 绘制圆角矩形

STEP 11 在【图层】面板中单击【创建新图层】按钮，新建一个图层为"图层14"，设置前景色为#f4edd7，选择【多边形套索工具】，在画面中勾画出一个多边形选区，按【Alt + Del】键填充前景色，效果如图4-324所示。

图4-324 勾画一个多边形

STEP 12 按【Ctrl】键在【图层】面板中单击"图层13"的图层缩览图，如图4-325所示，使"图层13"的内容载入选区，如图4-326所示，

图4-325 【图层】面板

图4-326 载入的选区

STEP 13 在【图层】面板中单击【添加图层蒙版】按钮，如图4-327所示，由选区建立图层蒙版，即可将选区外的内容隐藏，效果如图4-328所示。

图4-327 【图层】面板

图4-328 将选区外的内容隐藏

STEP 14 设置前景色为#a0a0a0，再选择【横排文字工具】，在选项栏中设置参数为，然后在画面中适当位置单击并输入所需的文字，如图4-329所示。

图4-329 输入文字

STEP 15 选择要改变颜色的文字，如图4-330所示，在选项栏中将【文本颜色】修改为#ffa800，单击✔按钮，确认文字输入，效果如图4-331所示。

图4-330 选择要改变颜色的文字

图4-331 改变颜色的文字

STEP 16 使用同样的方法在画面中分别输入其他的宣传文字，效果如图4-332所示。

图4-332 输入文字

STEP 17 在【图层】面板中选择"组1"、"组2"与"组3"，如图4-333所示，再按【Ctrl + G】键将它们编成一组，效果如图4-334所示。

图4-333 【图层】面板   图4-334 【图层】面板

实例47 网店最受欢迎产品展示栏设计

实例效果图

 操作步骤

STEP 01 按【Ctrl + N】键弹出【新建】对话框，在其中设置【宽度】为785像素，【高度】为345像素，【分辨率】为72像素/英寸，【颜色模式】为RGB颜色，【背景内容】为白色，设置好后单击【确定】按钮，新建一个文档。

STEP 02 在工具箱中设置前景色为#ffcde6，再选择【圆角矩形工具】，在选项栏 中选择形状，在几何面板中设置所需的参数，如图4-335所示，然后在画面中稍稍拖动，绘制一个固定大小的圆角矩形，如图4-336所示。

图4-335 圆角矩形工具的几何面板

图4-336 绘制圆角矩形

STEP 03 在【图层】菜单中执行【图层样式】下的【斜面和浮雕】命令，弹出【图层样式】对话框，在其中设置阴影模式颜色为#db2982，其他参数设置如图4-337所示。

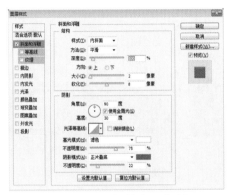

图4-337 【图层样式】对话框

STEP 04 在【图层样式】对话框中选择【描边】选项，再设置【颜色】为#e8c6d7，【大小】为1像素，【位置】为内部，其他不变，如图4-338所示，设置好后单击【确定】按钮，即可得到如图4-339所示的效果。

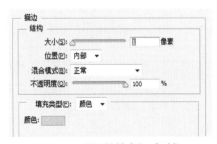

图4-338 【图层样式】对话框

图4-339 添加【图层样式】后的效果

STEP 05 设置前景色为#ff6a7f，选择【钢笔工具】，在选项栏中设置所需的参数，如图4-340所示，然后在画面中绘制一条虚线，绘制好后的效果如图4-341所示。

图4-340 钢笔工具选项栏

图4-341 绘制一条虚线

STEP 06 设置前景色为#e62656，再选择【横排文字工具】，在选项栏中设置参数为，然后在画面中

单击并输入文字，如图 4-342 所示，在选项栏中单击✔按钮，确认文字输入。接着在画面的适当位置单击，显示光标后在选项栏中设置【文本颜色】为 #7e7e7e，输入所需的文字，如图 4-343 所示。

图4-342　输入文字

图4-343　输入文字

STEP 07 　在【图层】面板中单击【创建新图层】按钮，新建一个图层，如图 4-344 所示。在工具箱中设置前景色为 #ff6a7f，选择【自定形状工具】，在选项栏 ✿ ▾ 像素 中选择像素，在【形状】面板中选择所需的形状，如图 4-345 所示，然后在画面中绘制出所选的形状，绘制好后的效果如图 4-346 所示。

图4-344　【图层】面板

图4-345　自定形状工具的
【形状】面板

图4-346　绘制形状

STEP 08 　在工具箱中选择【椭圆工具】，在选项栏 ◯ ▾ 像素 中选择像素，然后在画面中的适当位置绘制一个小圆形，如图 4-347 所示。

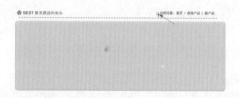

图4-347　绘制一个小圆形

STEP 09 　在工具箱中选择【圆角矩形工具】，在选项栏 ▢ ▾ 形状 中选择形状，在几何选项面板中选择【不受约束】选项，如图 4-348 所示，然后在画面中的适当位置绘制一个白色圆角矩形，如图 4-349 所示。

图4-348　圆角矩形工具的几何选项面板

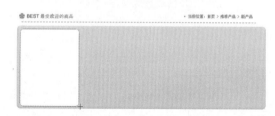

图4-349　绘制圆角矩形

STEP 10 　在工具箱中选择【矩形工具】，在选项栏 ▢ ▾ 形状 中选择形状，在画面中的适当位置绘制一个矩形，再设置【填充】为 #facd89，如图 4-350 所示。

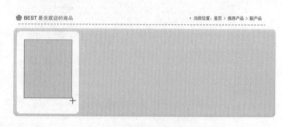

图4-350　绘制矩形

STEP 11 　在工具箱中选择【椭圆工具】，在选项栏中选择形状，在画面中的适当位置绘制一个圆形，再设置【填充】为 #fe78b5，如图 4-351 所示。

图4-351　绘制一个圆形

STEP 12 从配套光盘的素材库中打开一张图片，如图 4-352 所示，然后使用【移动工具】将其拖动到画面中并排放到所需的位置，如图 4-353 所示。

图4-352　打开的图片

图4-353　移动并复制图片

STEP 13 按【Ctrl】键在【图层】面板中单击"矩形 1"图层的图层缩览图，使它载入选区，如图 4-354 所示。

图4-354　使矩形1的内容载入选区

STEP 14 在【图层】面板中单击【添加图层蒙版】按钮，由选区建立图层蒙版，以将选区外的内容隐藏，效果如图 4-355 所示。

图4-355　将选区外的内容隐藏

STEP 15 在【图层】面板中先单击图层缩览图，然后单击图标取消链接，进入标准模式编辑，如图 4-356 所示，使用【移动工具】将图层 2 的内容移动到所需的位置，如图 4-357 所示。

图4-356　【图层】面板

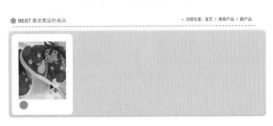

图4-357　移动后的效果

STEP 16 设置前景色为白色，选择【横排文字工具】，在选项栏中设置参数为

，然后在画面中

小圆形上单击并输入所需的文字，如图4-358所示。使用同样的方法再输入其他所需的文字，效果如图4-359所示。

图4-358　输入文字

图4-359　输入文字

STEP 17 在【图层】面板中单击"组1"，以选择它，再按【Ctrl + J】键复制一个副本，如图4-360所示。展开副本组，在其中单击"图层2"中图层缩览图与蒙版缩览图之间的列，显示链接图标，如图4-361所示。使用【移动工具】将组1副本中的内容向右拖动到所需的位置，如图4-362所示。

图4-360　【图层】面板　　图4-361　【图层】面板

图4-362　移动并复制对象

STEP 18 从配套光盘的素材库中打开一张图片，如图4-363所示，然后使用【移动工具】将其拖动到画面中并排放到所需的位置，如图4-364所示。

图4-363　打开的图片

图4-364　移动并复制图片

STEP 19 按【Ctrl】键在【图层】面板中单击"图层2"的蒙版缩览图，使其载入选区，如图4-365所示。在【图层】面板中单击【添加图层蒙版】按钮，由选区建立蒙版，如图4-366所示。

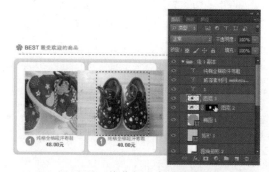

图4-365　将蒙版内容载入选区

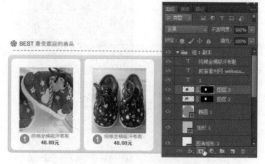

图4-366　【添加图层蒙版】后的效果

STEP 20 使用【横排文字工具】选择文字，再对文字进行更改，效果如图 4-367 所示。

图4-367　输入文字

STEP 21 使用上面同样的方法再复制两个副本组，打开所需的图片并复制到画面中进行蒙版编辑，然后使用【横排文字工具】编辑文字，处理好后的效果如图 4-368 所示。

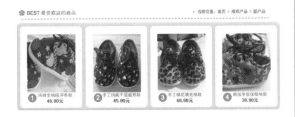

图4-368　移动并复制对象

STEP 22 在【图层】面板中选择除背景层外的所有图层，如图 4-369 所示。按【Ctrl + G】键将它们编成一组，结果如图 4-370 所示。

图4-369　【图层】面板　　图4-370　【图层】面板

实例48　网店界面新产品展示窗口设计

实例效果图

操作步骤

STEP 01 按【Ctrl + N】键弹出【新建】对话框，在其中设置【宽度】为 800 像素，【高度】为 755 像素，【分辨率】为 72 像素 / 英寸，【颜色模式】为 RGB 颜色，【背景内容】为白色，设置好后单击【确定】按钮，新建一个文档。

STEP 02 在【图层】面板中单击【创建新组】按钮，新建一组，如图 4-371 所示。在工具箱中设置前景色为 #ff98a4，再选择【钢笔工具】，在选项栏 中设置所需的参数，然后按住【Shift】键在画面中拖动，绘制出一条直线，如图 4-372 所示。

图4-371　【图层】面板　　图4-372　绘制一条直线

STEP 03 在【图层】面板中单击【创建新图层】按钮，新建一个图层，如图 4-373 所示。在工具箱中选择【圆角矩形工具】，在选项栏中选择像素，设置【半径】为 8 像素，然后在画面中拖动出一个圆角矩形，如图 4-374 所示。

图4-373 【图层】面板

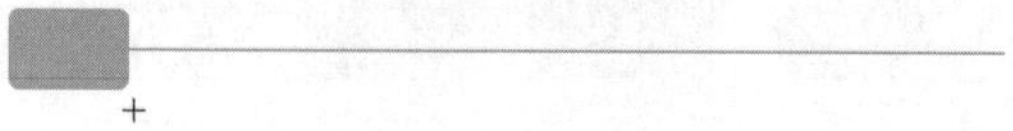

图4-374 绘制一个圆角矩形

STEP 04 在工具箱中选择【矩形选框工具】，在画面中绘制出一个矩形选框，如图 4-375 所示，再按【Del】键将选区内容删除，按【Ctrl + D】键取消选择，得到如图 4-376 所示的效果。

图4-375 绘制一个矩形选框

图4-376 删除后的效果

STEP 05 按【Ctrl】键在【图层】面板中单击"图层 1"的图层缩览图，使"图层 1"载入选区，如图 4-377 所示。

图4-377 使图层1载入选区

STEP 06 在【选择】菜单中执行【修改】→【收

缩】命令，弹出【收缩选区】对话框，在其中设置【收缩量】为 2 像素，如图 4-378 所示，设置好后单击【确定】按钮，即可将选区缩小，缩小后的选区如图 4-379 所示。

图4-378 【收缩选区】对话框

图4-379 缩小后的选区

STEP 07 设置前景色为白色，在【图层】面板中单击【创建新图层】按钮，新建一个图层，如图 4-380 所示，再按【Alt + Del】键填充白色，从而得到如图 4-381 所示的效果。

图4-380 【图层】面板

图4-381 填充白色后的效果

STEP 08 按【M】键选择【选框工具】，在键盘上按向下键 2 次，将选区向下移动 2 个像素，然后按【Alt + Del】键填充白色，得到如图 4-382 所示的效果。按【Ctrl + D】键取消选择。

图4-382 移动选区并填充白色

STEP 09 按住【Shift】键在【图层】面板中单击图层 1，以同时选择这两个图层，如图 4-383 所示，再选择【移动工具】，并按【Alt + Shift】键将其向右拖动到适当位置，复制一个副本，如图 4-384 所示。

图4-383 【图层】面板

图4-384 移动并复制对象

STEP 10 在【图层】面板中将两个副本图层拖动到"形状1"图层的下层，如图4-385所示。

图4-385 调整图层排列顺序

STEP 11 在【图层】面板中激活"图层1副本"，以它为当前图层，再在【图层】菜单中执行【图层样式】→【颜色叠加】命令，弹出【图层样式】对话框，在其中设置颜色为#dedfde，其他不变，如图4-386所示，设置好后单击【确定】按钮，得到如图4-387所示的效果。

图4-386 【图层样式】对话框

图4-387 添加【颜色叠加】后的效果

STEP 12 在【图层】面板中激活"图层2"副本，以它为当前图层，在【图层】菜单中执行【图层样式】→【渐变叠加】命令，弹出【图层样式】对话框，在右边栏中设置所需的参数，如图4-388所示，设置好后单击【确定】按钮，得到如图4-389所示的效果。

图4-388 【图层样式】对话框

图4-389 添加【渐变叠加】后的效果

> **说明**
> 左边色标的颜色为#e6e6e6，右边色标的颜色为白色。

STEP 13 按【Ctrl】键在【图层】面板中单击"图层1副本"，以同时选择"图层1副本"与"图层2副本"，如图4-390所示，然后按【Alt + Shift】键将其向右拖动到适当位置复制一个副本，如图4-391所示。再向右拖动一次复制一个副本，得到如图4-392所示的效果。

图4-390 【图层】面板

图4-391　移动并复制对象

图4-392　移动并复制对象

图4-397　【图层】面板　　图4-398　【图层】面板

STEP 14　在【图层】面板中激活"图层 2"，如图 4-393 所示，选择【横排文字工具】，在选项栏中设置参数为 　，然后在画面中输入所需的文字，如图 4-394 所示。

STEP 17　在工具箱中设置前景色为 #d2d2d2，选择【矩形工具】，在选项栏 ████ 中选择像素，在几何面板中设置所需的参数，如图 4-399 所示，然后在画面中稍稍拖动，绘制一个固定大小的矩形，如图 4-400 所示。

图4-393　【图层】面板

图4-399　矩形工具的　图4-400　绘制矩形
　　　　几何面板

图4-394　输入文字

STEP 18　在【图层】菜单中执行【图层样式】→【描边】命令，弹出【图层样式】对话框，在其中设置所需的参数，如图 4-401 所示，设置好后单击【确定】按钮，得到如图 4-402 所示的效果。

STEP 15　选择最前面标签中的文字，在选项栏中设置【文本颜色】为 #e7223f，如图 4-395 所示，在选项栏中单击 ✓ 按钮，确认文字输入，同样在右边的适当位置输入其他的文字，如图 4-396 所示。

图4-395　输入文字

图4-401　【图层样式】对话框

图4-396　输入文字

STEP 16　在【图层】面板中将组 1 折叠，单击【创建新组】按钮，新建一个组，如图 4-397 所示，再单击【创建新图层】按钮新建一个图层，如图 4-398 所示。

图4-402　添加【描边】后的效果

STEP 19 从配套光盘的素材库中打开一张图片，如图 4-403 所示，使用【移动工具】将其拖动到画面中，并排放到刚绘制的矩形上，然后在【图层】菜单中执行【创建剪贴蒙版】命令，以得到如图 4-404 所示的效果。

图4-403 打开的图片

图4-404 【创建剪贴蒙版】后的效果

STEP 20 使用【横排文字工具】在画面中图片下方单击并输入所需的文字，然后根据需要设置颜色与字体大小以及字体，效果如图 4-405 所示。

图4-405 输入文字

STEP 21 按住【Shift】键在【图层】面板中单击"图层3"，以同时选择"组2"中的所有图层，如图 4-406 所示，再按【Ctrl+G】键将其编成一组，效果如图 4-407 所示。

图4-406 【图层】面板　　图4-407 【图层】面板

STEP 22 按【Ctrl+J】键复制一个副本组，如图 4-408 所示。在工具箱中选择【移动工具】，按【Alt+Shift】键将其向右拖动到适当位置以复制一个副本，效果如图 4-409 所示。

图4-408 【图层】面板

图4-409 移动并复制对象

STEP 23 从配套光盘的素材库中打开一张图片，如图 4-410 所示。再使用【移动工具】将其拖动到画面中，并排放到副本上，如图 4-411 所示。

图4-410 打开的图片

图4-411 移动并复制图片

STEP 24 在【图层】面板中展开"组3副本"并激活"图层5"，再拖动到"图层4"的上层，如图 4-412 所示。然后按【Alt+Ctrl+G】键创建剪贴蒙版，如图 4-413 所示，得到如图 4-414 所示的效果。

图4-412 【图层】面板 图4-413 【图层】面板

图4-414 【创建剪贴蒙版】后的效果

STEP 25 使用【横排文字工具】将该宝贝的标题与价格进行替换，替换后的效果如图 4-415 所示。然后使用同样的方法排放两个宝贝图片并对文字进行替换，处理好后的效果如图 4-416 所示。

图4-415 输入文字

图4-416 移动并复制对象

STEP 26 在【图层】面板中折"叠组2"，按【Ctrl + J】键复制一个副本，如图 4-417 所示；使用【移动工具】将副本向下拖动到适当位置，如图 4-418 所示。

图4-417 【图层】面板

图4-418 移动并复制对象

STEP 27 使用上面同样的方法将宝贝中的图片与文字进行替换，效果如图 4-419 所示。

图4-419 替换图片与文字

STEP 28 在【图层】面板中折叠"组 2 副本"，按【Ctrl + J】键复制一个副本，如图 4-420 所示。使用【移动工具】将副本向下拖动到适当位置，然后使用同样的方法将宝贝中的图片与文字进行替换，效果如图 4-421 所示。

图4-420 【图层】面板

图4-421 替换图片与文字

STEP 29 在【图层】面板中单击【创建新组】按钮新建一组，如图 4-422 所示。

图4-422 【图层】面板

STEP 30 在工具箱中选择【圆角矩形工具】，在选项栏 ■ ▪ 形状 ▪ 中选择形状，设置【半径】为 3 像素，【填充】为 #fe78b5，然后在画面中拖动，以绘制一个圆角矩形，如图 4-423 所示。

图4-423 绘制一个圆角矩形

STEP 31 在工具箱中选择【圆形工具】，在选项栏 ● ▪ 形状 ▪ 中选择形状，设置【填充】为 #fe78b5，然后在画面中拖动，以绘制一个圆形，如图 4-424 所示。

图4-424 绘制一个圆形

STEP 32 按【Ctrl】键在【图层】面板中单击"圆角矩形 1"，以同时选择两个图层，如图 4-425 所示；再按【Ctrl + E】键将其合并为一个图层，结果如图 4-426 所示。

图4-425 【图层】面板　　图4-426 合并图层

STEP 33 在【图层】菜单中执行【图层样式】下的【斜面和浮雕】命令，弹出【图层样式】对话框，在其中设置阴影模式颜色为 #cc0820，其他参数设置如图 4-427 所示。

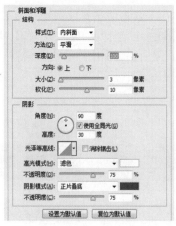

图4-427 【图层样式】对话框

图4-430 【图层】面板

图4-431 移动并复制对象

STEP 34 在【图层样式】对话框中选择【描边】选项，再设置【颜色】为#f05580，【大小】为1像素，【位置】为内部，其他不变，如图4-428所示，设置好后单击【确定】按钮，即可得到如图4-429所示的效果。

图4-428 【图层样式】对话框

图4-429 添加图层样式后的效果

STEP 35 按【Ctrl + J】键复制一个副本，如图4-430所示。在【编辑】菜单中执行【变换路径】→【水平翻转】命令，然后按【Shift】键将其向右拖动到适当位置，如图4-431所示。

STEP 36 在工具箱中选择【自定形状工具】，在选项栏 中选择形状，其中【填充】为白色，在【形状】面板中选择所需的形状，如图4-432所示，然后在画面中绘制出该形状，如图4-433所示。

图4-432 【形状】面板

图4-433 绘制形状

STEP 37 在【编辑】菜单中执行【变换路径】→【旋转90度（逆时针）】命令，将绘制的小三角形进行旋转，效果如图4-434所示。选择【移动工具】，按【Alt + Shift】键将其向左拖动到适当位置，以复制一个副本，使用同样的方法再复制一个副本，复制并移动好后的效果如图4-435所示。

图4-434 旋转三角形后 图4-435 移动并复制对象
　　　的效果

STEP 38 按住【Shift】键在【图层】面板中单击椭圆 1 形状图层，以同时选择这些图层，如图 4-436 所示，然后按【Ctrl + G】键将其编成一组，效果如图 4-437 所示。

图4-436 【图层】面板　图4-437 【图层】面板

STEP 39 按【Ctrl + J】键复制一个副本组，如图 4-438 所示，然后使用将副本向右拖动到适当位置，在拖动时按住【Shift】键保持水平移动，移动后的效果如图 4-439 所示。

图4-438 【图层】面板

图4-439 移动并复制对象

STEP 40 在【编辑】菜单中执行【变换】→【水平翻转】命令，将按钮进行水平翻转，效果如图 4-440 所示。

图4-440 【水平翻转】后的效果

STEP 41 使用【横排文字工具】在画面中按钮中间的适当位置单击并输入所需的数字与竖线，效果如图 4-441 所示。

图4-441 输入数字与竖线

STEP 42 在【图层】面板中先激活"组 4"，按【Shift】键单击"组 1"，以同时选择除背景层外的所有图层组，如图 4-442 所示。按【Ctrl + G】键将它们编成一组，效果如图 4-443 所示。

图4-442 【图层】面板　图4-443 【图层】面板

实例49　网店首页界面设计

实例效果图

图4-444　打开的标志文件

图4-445　用【移动工具】　图4-446　移动并复制
拖动标志时的状态

STEP 03 打开已经制作好的导航栏文件，如图4-447所示；使用同样的方法将【图层】面板中的"组 1"拖动到新建的文件中，如图4-448所示。

图4-447　打开的导航栏文件

操作步骤

STEP 01 按【Ctrl + N】键弹出【新建】对话框，在其中设置【宽度】为1000像素，【高度】为1655像素，【分辨率】为72像素/英寸，【颜色模式】为RGB颜色，【背景内容】为白色，设置好后单击【确定】按钮，新建一个文档。

STEP 02 打开前面制作好的标志文件，如图4-444所示，在【图层】面板中将"组 1"拖动到刚新建的文件中，如图4-445所示；然后使用【移动工具】将其排放到画面的左上角，如图4-446所示。

图4-448　移动并复制对象

STEP 04 在【图层】面板中将复制的"组 1"改为"组 2",如图 4-449 所示,然后使用【移动工具】将导航栏拖动到标志的右边,如图 4-450 所示。

图4-449 【图层】面板

图4-450 移动导航栏

STEP 05 打开已经制作好的产品目录导航文件,如图 4-451 所示。使与"步骤 4"用同样的方法将【图层】面板中的"组 1"拖动到刚新建的文件中,再在【图层】面板中将刚复制的组 1 改为"组 3",然后使用【移动工具】将导航栏拖动到标志的下方,如图 4-452 所示。

图4-451 打开的文件

图4-452 移动并复制对象

STEP 06 打开已经制作好的广告图片,如图

4-453 所示;再使用与"步骤 4"同样的方法将其拖动到画面中并排放到适当位置,如图 4-454 所示。

图4-453 打开的文件

图4-454 移动并复制对象

STEP 07 在画面中右击要选择的对象,在弹出的快捷菜单中选择该对象所在的图层,如图 4-455 所示,在【图层】面板中也就自动找到了该图层,并以它为当前图层,如图 4-456 所示。

图4-455 选择图层

图4-456 【图层】面板

STEP **08** 按【Ctrl + J】键复制一个图层，【图层】面板如图 4-457 所示，接着在【编辑】菜单中执行【变换】→【水平翻转】命令，将副本进行水平翻转，再按住【Shift】键将其向左拖动到适当位置，如图 4-458 所示。

图4-460 打开的文件

图4-457 【图层】面板

图4-461 移动并复制到所需的位置

图4-458 水平翻转并拖动到适当位置

STEP **11** 打开前面制作好的购物账户栏，如图 4-462 所示，再使用同样的方法将其拖动到画面中并排放到所需的位置，如图 4-463 所示。

STEP **09** 在【图层】面板中单击"组 4"并激活它，如图 4-459 所示。

STEP **12** 打开前面制作好的最受欢迎产品展示栏，如图 4-464 所示，再使用同样的方法将其拖动到画面中并排放到所需的位置，如图 4-465 所示。

图4-459 【图层】面板

STEP **10** 打开前面制作好的客服中心界面，如图 4-460 所示，再使用同样的方法将其拖动到画面中，并排放到所需的位置，如图 4-461 所示。

图4-462 打开的文件

图4-463　复制并移动到所需的位置

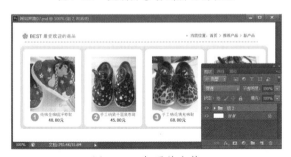

图4-464　打开的文件

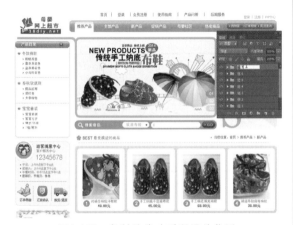

图4-465　复制并移动到所需的位置

STEP 13 打开前面制作好的新产品展示窗口，将其组名改为"组8"，如图4-466所示，再使用同样的方法将其拖动并复制到画面中并排放到所需的位置，如图4-467所示。

图4-466　打开的文件

图4-467　复制并移动到所需的位置

STEP 14 打开前面制作好的底部栏位，如图4-468所示，再使用同样的方法将其拖动到画面中并排放到网页的最底部，如图4-469所示。网店首页界面设计就完成了。

图4-468　打开的文件

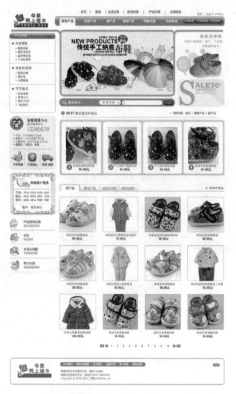

图4-469　网店首页效果

实例50　网店购买商品界面设计

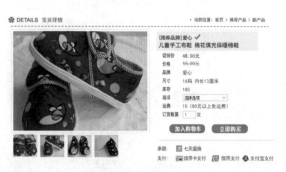

实例效果图

 操作步骤

STEP 01 按【Ctrl＋N】键弹出【新建】对话框,在其中设置【宽度】为785像素,【高度】为470像素,【分辨率】为72像素/英寸,【颜色模式】为RGB颜色,【背景内容】为白色,设置好后单击【确定】按钮,新建一个文档。

STEP 02 打开前面制作好的最受欢迎的商品展示栏,如图4-470所示,再在【图层】面板中将一些不需要的内容所在图层关闭,如图4-471所示。

图4-470　打开的文件

图4-471　关闭不需要的图层

STEP 03 在工具箱中选择【移动工具】,将文字和图形移动到适当位置,如图4-472所示。选择【横排文字工具】,在画面中选择文字,再输入所需的文字,如图4-473所示。

图4-472　将文字和图形移动到适当位置

图4-473　输入文字

STEP 04 在【图层】面板中单击【创建新图层】按钮,新建一个图层,如图4-474所示。在工具

箱中选择【矩形选框工具】，在选项栏中设置参数为 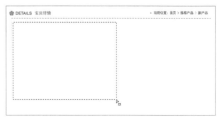，然后在画面中稍稍拖动，即可绘制出一个固定大小的矩形选框，如图 4-475 所示。

STEP 06 在工具箱中选择【矩形选框工具】，在选项栏中设置参数为 ，然后在画面中拖动，以绘制出一个矩形选框，如图 4-478 所示。在【选择】菜单中执行【存储选区】命令，弹出【存储选区】对话框，在其中给选区命名，如图 4-479 所示，命好名后单击【确定】按钮。

图4-474 【图层】面板

图4-478 绘制出一个矩形选框

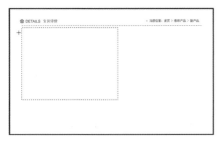

图4-475 制出一个矩形选框

图4-479 【存储选区】对话框

STEP 05 在【编辑】菜单中执行【描边】命令，弹出【描边】对话框，在其中设置【宽度】为1像素，【颜色】为 #e3e3e3，【位置】为居中，如图 4-476 所示，设置好后单击【确定】按钮，再按【Ctrl + D】键取消选择，得到如图 4-477 所示的效果。

STEP 07 设置前景色为 #f0f0f0，在工具箱中选择【矩形工具】，在选项栏中选择像素，然后在画面中拖动出一个矩形，如图 4-480 所示。

图4-480 绘制一个矩形

图4-476 【描边】对话框

STEP 08 设置前景色为 #d8d8d8，在工具箱中选择【直线工具】，在选项栏中选择像素，然后在画面中拖出一条直线，如图 4-481 所示。

图4-477 描边后的效果

图4-481 绘制一条直线

STEP 09 从配套光盘的素材库中打开一张图片，再将其拖动到画面中，并排放到适当位置，如图 4-482 所示。

图4-482 打开图片并复制到适当位置

STEP 10 在【选择】菜单中执行【载入选区】命令，弹出【载入选区】对话框，在其中的【通道】列表中选择 01，如图 4-483 所示，单击【确定】按钮，即可得到如图 4-484 所示的选区。

图4-483 【载入选区】对话框

图4-484 载入选区

STEP 11 在【图层】面板中单击【添加图层蒙版】按钮，如图 4-485 所示，由选区建立图层蒙版，从而得到如图 4-486 所示的效果。

图4-485 【图层】面板

图4-486 添加图层蒙版后的效果

STEP 12 在工具箱中选择【矩形工具】，在选项栏中选择形状，在画面中单击弹出【创建矩形】对话框，在其中设置【宽度】为 64 像素，【高度】为 58 像素，如图 4-487 所示，设置好后单击【确定】按钮，即可得到一个指定大小的矩形，如图 4-488 所示。

图4-487 【创建矩形】对话框

图4-488 绘制矩形

STEP 13 从配套光盘的素材库中打开一张图片，再将其拖动到画面中来并排放到适当位置，如图4-489所示。在【图层】菜单中执行【创建剪贴蒙版】命令，得到如图4-490所示的效果。

图4-489　打开的图片

图4-490　创建剪贴蒙版后的效果

STEP 14 使用【矩形工具】在画面中拖出一个矩形，如图4-491所示。从配套光盘的素材库中打开一张图片，再将其拖动到画面中来并排放到适当位置，如图4-492所示，然后在【图层】菜单中执行【创建剪贴蒙版】命令，得到如图4-493所示的效果。

图4-491　绘制一个矩形

图4-492　打开图片并复制到适当位置

图4-493　创建剪贴蒙版后的效果

STEP 15 使用同样的方法再制作两个宝贝缩览图，如图4-494所示。

图4-494　制作宝贝缩览图

STEP 16 在工具箱中选择【横排文字工具】，在选项栏中设置参数为 [┲ ┃ 黑体 ┃ ┃ 13点]，然后在画面中适当位置单击并输入所需的文字，如图4-495所示。使用同样的方法分别输入其他文字，如图4-496所示。

‣ 当前位置：首页 › 推荐产品 › 新产品

推荐品牌1专区

图4-495　输入文字

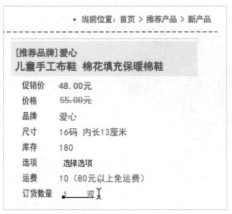

图4-496　输入文字

矩形框，用来表示文本框，如图 4-499 所示。

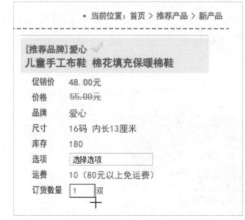

图4-499　绘制矩形框

STEP 17 在工具箱中选择【自定形状工具】，在选项栏  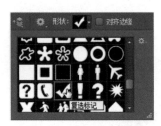 中选择形状，在【形状】面板中选择所需的形状，如图 4-497 所示，再设置【填充】为 #fe78b5，然后在画面中绘制出该形状，如图 4-498 所示。

STEP 19 在工具箱中选择【自定形状工具】，在选项栏的【形状】面板中选择所需的形状，如图 4-500 所示，然后在画面中绘制出该形状，如图 4-501 所示。

图4-497　【形状】面板

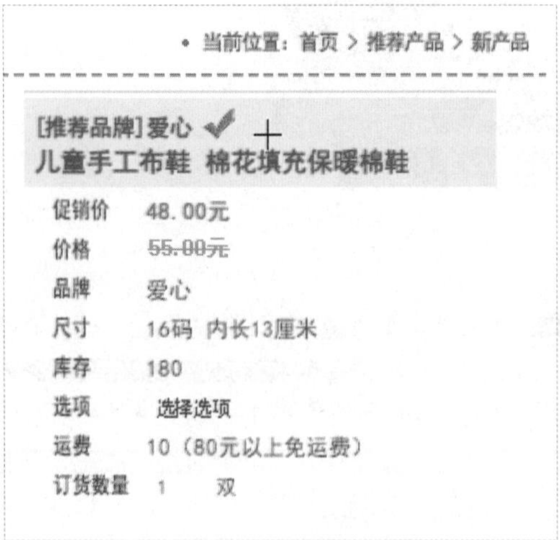

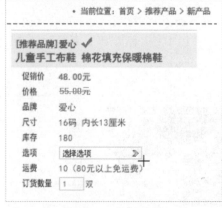

图4-500　【形状】面板

图4-498　绘制形状

图4-501　绘制形状

STEP 18 在工具箱中选择【矩形工具】，在选项栏中设置参数为 ，【描边】为 #cacaca，在画面中不同的位置绘制两个

STEP 20 在【编辑】菜单中执行【变换路径】→【旋转 90 度（顺时针）】命令，将绘制的图形进

行旋转，效果如图4-502所示。

图4-502　旋转后的效果

STEP 21　在工具箱中选择【圆角矩形工具】，在选项栏中选择形状，设置【填充】为 #fe78b5，在画面中单击弹出【创建圆角矩形】对话框，在其中设置【宽度】为98像素，【高度】为23像素，【半径】为10像素，如图4-503所示，设置好后单击【确定】按钮，即可得到一个指定大小的圆角矩形，如图4-504所示。使用同样的方法再绘制一个如图4-505所示的圆角矩形。

图4-503　【创建圆角矩形】　　图4-504　绘制圆角矩形
　　　　　　对话框

图4-505　绘制圆角矩形

STEP 22　在工具箱中选择【矩形工具】，在选项栏中设置【填充】为 #d3d3d3，然后在画面中绘制出一个类似直线的长矩形，如图4-506所示。

图4-506　绘制长矩形

STEP 23　使用【横排文字工具】在画面中适当位置单击并输入所需的文字，然后根据需要设置字体、字体大小与文本颜色，效果如图4-507所示。

图4-507　输入文字

STEP 24　从配套光盘的素材库中打开一图片，使用【移动工具】将其拖动到画面中并排放到适当位置，如图4-508所示。

图4-508　打开图片并复制到适当位置

STEP **25** 在【图层】面板中先激活"矩形 1"形状图层，按【Shift】键单击"形状 1"形状图层，以同时选择除背景层外的所有图层，如图4-509 所示。按【Ctrl + G】键将它们编成一组，结果如图 4-510 所示。

图4-509　【图层】面板　　图4-510　【图层】面板

实例51　网店产品详情说明界面设计

实例效果图

 操作步骤

STEP **01** 按【Ctrl + N】键弹出【新建】对话框，在其中设置【宽度】为 785 像素，【高度】为720 像素，【分辨率】为 72 像素 / 英寸，【颜色模式】为 RGB 颜色，【背景内容】为白色，设置好后单击【确定】按钮，新建一个文档。

STEP **02** 打开已经制作好的购买商品界面，如图4-511 所示。

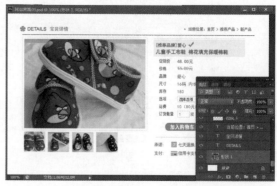

图4-511　打开的文件

STEP **03** 在【图层】面板中拖动形状 1 形状图层至新建的文件中，如图 4-512 所示，然后排放到所需的位置，如图 4-513 所示。

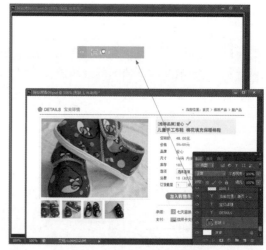

图4-512　拖动形状1时的状态

图4-513　移动并复制对象

STEP 04 使用同样的方法再打开一张图片并拖动到画面中，然后排放到所需的位置，如图 4-514 所示。

图4-514 打开图片并复制到适当位置

STEP 05 设置前景色为 #d09e8d，选择【横排文字工具】，在选项栏中设置参数为，然后在画面中输入所需的文字，如图 4-515 所示。

图4-515 输入文字

STEP 06 使用【横排文字工具】在画面的右边拖出一个段落文本框，在选项栏中设置【文本颜色】为 #bcd366，其他参数为。设置好后输入所需的文字，如图 4-516 所示。按【Enter】键后在选项栏中将字体改小，【文本颜色】改为 #8d8d8d，然后输入其他所需的文字，如图 4-517 所示。

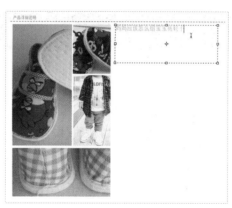

图4-516 输入文字

图4-517 输入文字

STEP 07 使用前面同样的方法输入其他的文字，效果如图 4-518 所示。

图4-518 输入文字

STEP 08 从配套光盘的素材库中打开一张图片，如图 4-519 所示，使用【移动工具】将其拖动到画面中并再排放到所需的位置，如图 4-520 所示。

图4-519 打开的图片

图4-520 移动并复制到所需的位置

STEP 09 按【Ctrl + J】键复制一个副本，将其向下拖动到适当位置，如图 4-521 所示。

图4-521 移动并复制到所需的位置

STEP 10 从配套光盘的素材库中打开一张图片，如图 4-522 所示，使用【移动工具】将其拖动到画面中并再排放到所需的位置，如图 4-523 所示。

图4-522 打开的图片

图4-523 移动并复制到所需的位置

STEP 11 在工具箱中选择【自定形状工具】，在选项栏中选择形状，设置【填充】为 #9ec800，在【形状】面板中选择所需的形状，如图 4-524 所示，然后在画面中绘制所选的形状，如图 4-525 所示。

图4-524 【形状】面板

图4-525 绘制所选的形状

STEP 12 在【图层】面板中激活最顶层的图层，按【Shift】键单击"形状 1"形状图层，以同时选择除背景层外的所有图层，如图 4-526 所示。按【Ctrl + G】键将它们编成一组，效果如图 4-527 所示。

图4-526　【图层】面板　　图4-527　【图层】面板

实例52　网店购物车流程界面设计

实例效果图

操作步骤

STEP 01 按【Ctrl + N】键弹出【新建】对话框，在其中设置【宽度】为785像素，【高度】为850像素，【分辨率】为72像素/英寸，【颜色模式】为RGB颜色，【背景内容】为白色，设置好后单击【确定】按钮，新建一个文档。

STEP 02 打开前面制作好的最受欢迎的商品展示栏，如图4-528所示，在【图层】面板中将一些

不需要的内容所在图层关闭，然后按【Ctrl】键在【图层】面板中单击要选择的图层，如图4-529所示。再将其选择的图层拖动到新建的文件中并排放到所需的位置，如图4-530所示。

图4-528　打开的文件

图4-529　关闭不需要的图层

图4-530　移动对象

STEP 03 在工具箱中选择【横排文字工具】，在画面中选择文字，再输入所需的文字，如图4-531所示。

图4-531　输入文字

STEP 04 从配套光盘的素材库中打开一张图片，将其拖动到画面中，并排放到适当位置，如图 4-532 所示。使用同样的方法再打开并复制两张图片，并排放到所需的位置，如图 4-533 所示。

图4-532　打开图片并复制到适当位置

图4-533　打开图片并复制到适当位置

STEP 05 在工具箱中选择【自定形状工具】，在选项栏中选择形状，设置【填充】为 #ff98a4，然后在【形状】面板中选择所需的形状，如图 4-534 所示，在【路径操作】菜单中选择合并形状，如图 4-535 所示，在画面中绘制出两个箭头，如图 4-536 所示。

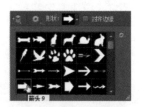

图4-534　【形状】面板　　图4-535　【路径操作】
　　　　　　　　　　　　　　　　菜单

图4-536　绘制两个箭头

STEP 06 在工具箱中选择【椭圆工具】，在选项栏中选择形状，再设置【填充】为 #ff98a4，在【路径操作】菜单中选择合并形状，如图 4-537 所示，然后在画面中绘制一个圆形，如图 4-538 所示。

图4-537　【路径操作】菜单

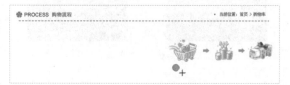

图4-538　绘制一个圆形

STEP 07 在工具箱中选择【移动工具】，按【Alt + Shift】键将圆形向右拖动并复制一个副本，效果如图 4-539 所示。

图4-539　移动并复制圆形

STEP 08 在【图层】面板中将副本图层的【混合模式】修改为明度，以改变副本圆形的颜色，如图 4-540 所示。按【Alt + Shift】键将圆形向右拖动并复制一个副本，效果如图 4-541 所示。

图4-540　更改混合模式后的效果

图4-541　移动并复制对象

STEP 09 设置前景色为 #ff6666，选择【横排文字工具】，在选项栏中设置参数为，然后在画面中适当位置单击并输入所需的文字，如图4-542所示。

图4-542　输入文字

STEP 10 使用同样的方法在画面的适当位置分别单击并输入所需的文字，然后根据需要设置字体、字体大小与文本颜色，效果如图4-543所示。

图4-543　输入文字

STEP 11 在【图层】面板中激活最顶层的图层，按【Shift】键单击"形状1"形状图层，以同时选择除背景层外的所有图层，如图4-544所示按【Ctrl+G】键将它们组成一组，结果如图4-545所示。

图4-544　【图层】面板　　图4-545　【图层】面板

STEP 12 在【图层】面板中单击【创建新组】按钮新建一个组，如图4-546所示。

STEP 13 在【图层】面板中单击【创建新图层】按钮新建一个图层，如图4-547所示。设置前景色为#ff98a4，选择【直线工具】，在选项栏中设置参数为 [图示]，然后在画面中适当位置绘制出一条直线，如图4-548所示。

图4-546　【图层】面板　　图4-547　【图层】面板

图4-548　绘制一条直线

STEP 14 在选项栏中将【粗细】改为1像素，使用【直线工具】在画面中绘制多条小线段，效果如图4-549所示。

图4-549　绘制多条小线段

STEP 15 设置前景色为#cbcbcb，然后使用【直线工具】在画面中绘制多条直线，效果如图4-550所示。

图4-550　绘制多条直线

STEP **16** 在【图层】面板中新建一个图层，将其拖动到"图层5"的下层，如图4-551所示。设置前景色为#f5f5f5，选择【矩形工具】，在选项栏中设置参数为 ，然后在画面中适当位置绘制出两个矩形，如图4-552所示。

图4-551　【图层】面板

图4-552　绘制两个矩形

STEP **17** 设置前景色为#ff6a7f，选择【自定形状工具】，在选项栏 中选择像素，在【形状】面板中选择所需的形状，如图4-553所示，然后在画面中适当位置绘制出选择的形状，如图4-554所示。

图4-553　【形状】面板

图4-554　绘制选择的形状

STEP **18** 在工具箱中选择【横排文字工具】，在选项栏中设置字体、字体大小与文本颜色，然后在画面的适当位置输入文字，效果如图4-555所示。

图4-555　输入文字

STEP **19** 在【图层】面板中单击【创建新组】按钮，新建一个组，如图4-556所示。在工具箱中选择【矩形工具】，并在选项栏中设置参数为 ，其中【填充】为#f5f5f5，【描边】为#ff98a4，然后在画面中绘制一个矩形，如图4-557所示。

图4-556　【图层】面板

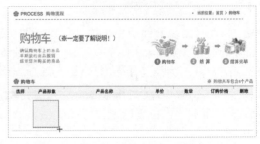

图4-557　绘制一个矩形

STEP 20 从配套光盘的素材库中打开一张图片，将其拖动到画面中，并排放到适当位置，如图4-558所示。

图4-558 打开图片并复制到适当位置

STEP 21 在【图层】菜单中执行【创建剪贴蒙版】命令创建剪贴组，得到如图4-559所示的效果。

图4-559 【创建剪贴蒙版】后的效果

STEP 22 在工具箱中选择【矩形工具】，在选项栏中设置参数为 ，【描边】为无，然后在画面中绘制一个矩形，如图4-560所示。

，图4-560 绘制一个矩形

STEP 23 在工具箱中选择【圆角矩形工具】，在选项栏中设置参数为 ，【填充】为#9e9e9e，【描边】为无，勾选【不受约束】选项，如图4-561所示，然后在画面中绘制一个圆角矩形，如图4-562所示。

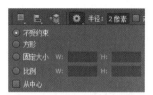

图4-561 圆角矩形工具的几何选项面板

图4-562 绘制圆角矩形

STEP 24 在工具箱中选择【矩形工具】，在选项栏中设置参数为 ，【填充】为白色，【描边】为#adadad，然后在画面中绘制一个矩形，如图4-563所示。

图4-563 绘制一个矩形

STEP 25 在工具箱中选择【横排文字工具】，在画面中依次输入文字，然后根据需要设置字体、字体大小以及文本颜色，效果如图4-564所示。

图4-564 输入文字

STEP 26 在【图层】面板中折叠"组3"并激活

它，按【Ctrl + J】键复制一个图层组，如图
4-565 所示，再使用【移动工具】将其向下拖动
到适当位置，如图 4-566 所示。

图4-565 【图层】面板

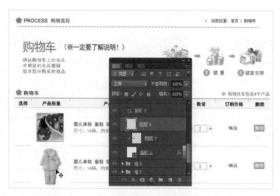

图4-566 移动并复制对象

STEP 27 从配套光盘的素材库中打开一张图片，
将其拖动到画面中，并排放到适当位置，如图
4-567 所示。

图4-568 【创建剪贴蒙版】后的效果

STEP 29 使用【横排文字工具】选择文字，并对
文字进行更改，效果如图 4-569 所示。

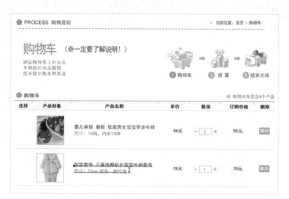

图4-569 输入文字

STEP 30 使用同样的方法再添加几个宝贝并根据
需要进行更改，调整好后的效果如图 4-570
所示。

STEP 28 在【图层】菜单中执行【创建剪贴蒙
版】命令创建剪贴组，得到如图 4-568 所示的
效果。

图4-570 再添加几个宝贝后的效果

STEP 31 使用【横排文字工具】在画面的适当位置单击并输入文字，然后根据需要设置字体、字体大小以及文本颜色，如图 4-571 所示。

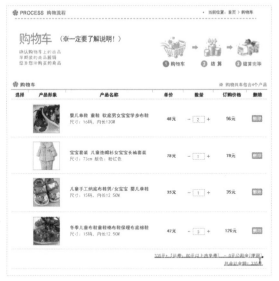

图4-571　输入文字

STEP 32 从配套光盘的素材库中打开一组图标，再将其拖动到画面中，并排放到适当位置，如图 4-572 所示。

图4-572　移动并复制图标

STEP 33 在【图层】面板中单击【创建新组】按钮新建一个图层组，如图 4-573 所示，在工具箱中选择【圆角矩形工具】，在选项栏中设置参数为

，【填充】为 #ff7e8c，【描边】为无，再设置【半径】为 10 像素，然后在画面中适当位置绘制一个圆角矩形，效果如图 4-574 所示。

图4-573　【图层】面板

图4-574　绘制一个圆角矩形

STEP 34 在【图层】菜单中执行【图层样式】→【渐变叠加】命令，弹出【图层样式】对话框，在其中设置所需的参数，其中渐变颜色为白色到透明渐变，如图 4-575 所示，设置好后的效果如图 4-576 所示。

图4-575　【图层样式】对话框

图4-576　添加渐变叠加效果

STEP 35 在【图层样式】对话框的左边栏中选择
【描边】选项，再设置【大小】为3像素，【位
置】为内部，设置所需的渐变颜色，如图4-577
所示，设置好后单击【确定】按钮，即可得到
如图4-578所示的效果。

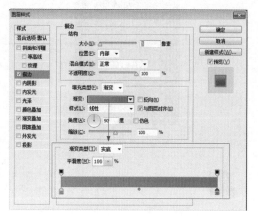

图4-577 【图层样式】对话框

图4-578 添加描边效果

> **说明**
> 左边色标的颜色为#ff7e8c，右边色标
> 的颜色为#ff4e6d。

STEP 36 在工具箱中选择【移动工具】，按【Alt
+ Shift】键将圆角矩形按钮向右拖动两次，得到
两个副本，复制并排放好后的效果如图4-579
所示。

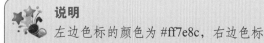

图4-579 移动并复制按钮

STEP 37 在工具箱中选择【横排文字工具】，在
选项栏中设置所需的字体、字体大小以及文本

颜色，然后输入文字，效果如图4-580所示。

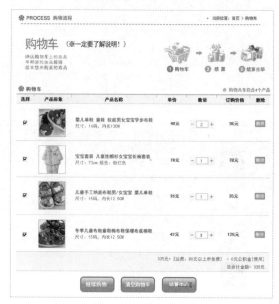

图4-580 输入文字

STEP 38 在【图层】面板中激活最顶层的图层，
按【Shift】键单击组1，以同时选择除背景层外
的所有图层组，如图4-581所示。按【Ctrl + G】
键将它们组成一组，效果如图4-582所示。

图4-581 【图层】面板

图4-582 【图层】面板

实例53　网店宝贝详情页设计

实例效果图

🎬 操作步骤

STEP 01 打开前面制作好的网店超市首页界面，
如图 4-583 所示，在【图层】面板中将一些不需
要的内容所在组关闭，如图 4-584 所示。

图4-583　打开的文件

图4-584　关闭不需要的内容所在组

STEP 02 在【文件】菜单中执行【存储为】命
令，弹出【存储为】对话框，在其中给文件另
外命名，单击【保存】按钮，如图 4-585 所示。

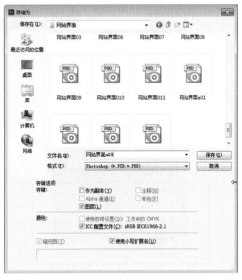

图4-585　【存储为】对话框

STEP 03 打开前面已经制作好的网店超市购买商
品界面，如图 4-586 所示，然后将"组 1"拖动
到画面中，并排放到所需的位置，如图 4-587 所
示。在【图层】面板中将组名进行更改，如图
4-588 所示。

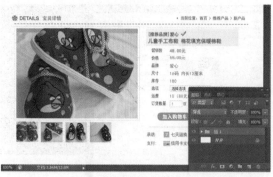

图4-586　打开的文件

图4-587　移动并复制对象

图4-588　【图层】面板

STEP **04** 打开前面已经制作好的网店超市产品详
情页，如图 4-589 所示，然后将"组 1"拖动到
画面中并排放到所需的位置，如图 4-590 所示。
在【图层】面板中将组名进行更改，如图
4-591 所示。

图4-589　打开的文件

图4-590　移动并复制对象

图4-591　【图层】面板

STEP **05** 打开前面已经制作好的广告图片，如图

4-592 所示，然后按【Ctrl + Shift + Alt + E】键将所有可见图层合并为一个新图层（也称为盖印图层），如图 4-593 所示。

图4-592　打开的文件

图4-593　盖印图层

STEP 06 使用【移动工具】将合并的图层拖动到画面中，并排放到所需的位置，如图 4-594 所示；

图4-594　移动并复制对象

STEP 07 按【Ctrl】键在【图层】面板中单击"图层 1"的蒙版缩览图，使蒙版载入选区，如图 4-595 所示；再单击【添加图层蒙版】按钮，由选区建立图层蒙版，得到如图 4-596 所示的效果。

图4-595　将蒙版载入选区

图4-596　添加图层蒙版后的效果

STEP 08 在【图层】面板中激活"图层 2"，再单击【锁定透明像素】按钮，如图 4-597 所示。设置前景色为 #cecece，然后按【Alt + Del】键填充前景色，即可得到如图 4-598 所示的效果。

图4-597　【图层】面板

图4-598　填充颜色

STEP 09 在【图层】面板中激活"图层 3"，再单击【锁定透明像素】按钮，如图 4-599 所示，

设置前景色为 #ff7200，然后按【Alt + Del】键填充前景色，即可得到如图 4-600 所示的效果。作品就制作完成了，画面效果如图 4-601 所示。

图4-599 【图层】面板

图4-600 填充颜色

图4-601 宝贝详情页

实例54 网店购物车界面设计

实例效果图

操作步骤

STEP 01 打开前面制作好的网店超市的首页界面，如图 4-602 所示，再在【图层】面板中将一些不需要的内容所在组关闭，如图 4-603 所示。

图4-602 打开的文件

图4-603　关闭不需要的内容所在组

STEP 02 在【文件】菜单中执行【存储为】命令，弹出【存储为】对话框，在其中给文件另外命名，单击【保存】按钮，如图4-604所示。

图4-604　【存储为】对话框

STEP 03 打开前面制作好的网店超市购物车流程界面，如图4-605所示。然后将"组1"拖动到画面中，并排放到所需的位置，如图4-606所示。再在【图层】面板中将组名进行更改。

图4-605　打开的文件

图4-606　移动并复制对象

STEP 04 从配套光盘的素材库中打开一张文字说明图片，然后将其拖动到画面中，并排放到所需的位置，如图4-607所示。

图4-607　打开图片并复制到适当位置

STEP 05 打开前面制作好的广告图片，如图 4-608 所示，然后按【Ctrl + Shift + Alt + E】键盖印图层，如图 4-609 所示。

图4-608 打开的文件

图4-609 盖印图层

STEP 06 使用【移动工具】将刚盖印的图层拖动到画面中并排放到所需的位置，如图 4-610 所示。

图4-610 移动并复制对象

STEP 07 按【Ctrl】键在【图层】面板中单击"图层 1"的蒙版缩览图，使蒙版载入选区，如图 4-611 所示。再单击【添加图层蒙版】按钮，由选区建立图层蒙版，得到如图 4-612 所示的效果。

图4-611 使蒙版载入选区

图4-612 添加图层蒙版后的效果

STEP 08 在【图层】面板中激活"图层 2"，再单击【锁定透明像素】按钮，如图 4-613 所示，设置前景色为 #cecece，然后按【Alt + Del】键填充前景色，即可得到如图 4-614 所示的效果。

图4-613 【图层】面板

图4-614 填充颜色

STEP 09 在【图层】面板中激活"图层 3"，再单击【锁定透明像素】按钮，如图 4-615 所示，设置前景色为 #ff7200，然后按【Alt + Del】键填充前景色，即可得到如图 4-616 所示的效果。购物车界面就制作完成了，画面效果如图 4-617 所示。

图4-615 【图层】面板

图4-616 填充颜色

图4-617 购物车界面